FORSCHUNGSBERICHTE DES LANDES NORDRHEIN-WESTFALEN

Nr. 2815/Fachgruppe Hüttenwesen/Werkstoffkunde

Herausgegeben vom Minister für Wissenschaft und Forschung

Prof. Dr. rer. nat. Winfried Dahl
Prof. Dr.-Ing. Klaus W. Lange
Dr.-Ing. Sun-Hyo Hwang
Institut für Eisenhüttenkunde
der Rhein.-Westf. Techn. Hochschule Aachen

Untersuchungen zur Wasserstoffversprödung von Stahl

Westdeutscher Verlag 1979

CIP-Kurztitelaufnahme der Deutschen Bibliothek
Dahl, Winfried:
Untersuchungen zur Wasserstoffversprödung von Stahl / Winfried Dahl ; Klaus W. Lange ; Sun-Hyo Hwang. - Opladen : Westdeutscher Verlag, 1979.
(Forschungsberichte des Landes Nordrhein-Westfalen ; Nr. 2815 : Fachgruppe Hüttenwesen, Werkstoffkunde)
ISBN 978-3-531-02815-6 ISBN 978-3-322-88469-5 (eBook)
DOI 10.1007/978-3-322-88469-5
NE: Lange, Klaus W.:; Hwang, Sun-Hyo:

Gesamtherstellung: Westdeutscher Verlag

Inhalt

1 Einleitung

Die Wasserstoffaufnahme während der Stahlherstellung, -verarbeitung und des -gebrauchs ist meist unvermeidlich und verantwortlich für eine Reihe von Werkstoffehlern, wie Beizblasen, Flocken, Fischaugen und Wasserstoffversprödung.

Die Wasserstoffversprödung in Stahl- und Eisenlegierungen zeigt sich dadurch, daß der Wasserstoff die Zähigkeit vermindert und die Neigung zum verformungslosen Bruch erhöht. Trotz langjähriger und weltweiter Bemühungen, die ihren Niederschlag in vielen Veröffentlichungen fanden[1 bis 6], gibt es noch keine völlig befriedigende und allseitig anerkannte Vorstellung vom Mechanismus der Wasserstoffversprödung in Stahl.

Eine Aufklärung des Mechanismus der Wasserstoffversprödung ist sowohl vom wissenschaftlichen als auch wirtschaftlichen Standpunkt wünschenswert. Sie erlaubt einerseits die Entwicklung besser gesicherter Vorstellungen über die Mechanismen des Bruches und ermöglicht andererseits die Entwicklung geeigneter und gezielter praktischer Maßnahmen zur Verhinderung des durch Wasserstoff verursachten Sprödbruches bei Stahl.

2 Schrifttumsübersicht

Die Thermodynamik eines Systems beschreibt die Möglichkeiten und den Umfang eines Phänomens, die Kinetik des Massentransportes die Geschwindigkeit, mit der die Möglichkeiten verwirklicht werden. Die Thermodynamik und Kinetik müssen mit den physikalischen, chemischen und mechanischen Eigenschaften in Zusammenhang gebracht werden, um den Mechanismus der Wasserstoffversprödung klären zu können. Die Auswahl und Einteilung der hier folgenden Ausführungen orientierte sich an diesen Forderungen.

2.1 Wechselwirkungen des Wasserstoffs in Stahl

Die Natur der Wechselwirkungen des Wasserstoffs im Werkstoff scheint wegen der der Position des Wasserstoffs im periodischen System zugrunde liegenden physikalisch-chemischen Eigenschaften einfach zu sein. Um alle bei der Wasserstoffversprödung in Frage kommenden Wechselwirkungen sinnvoll und systematisch untersuchen und die für die Wasserstoffversprödung verantwortlichen herausfinden zu können, ist es angebracht, die Plätze, in oder an denen und um die Wasserstoff existieren kann, gedanklich zu trennen und die möglichen Wechselwirkungen des Wasserstoffs im entsprechenden Bereich zu beobachten. In der vorliegenden Arbeit werden drei Bereiche im Stahl für die Wasserstoffeinlagerung bzw. -ausscheidung unterschieden, nämlich der Gitterbereich, Hohlräume und die Grenzfläche der Hohlräume. Der Gitterbereich umfaßt Zwischengitterplätze, Leerstellen und Versetzungen. Alle dreidimensionalen Gitterfehler, die größer als Einzelleerstellen sind, werden als Hohlraum bezeichnet, wenn es für sie nicht bestimmte Ausdrücke geben sollte.

2.1.1 Wechselwirkungen des Wasserstoffs mit Hohlräumen

2.1.1.1 Wasserstofflöslichkeit unter der elastischen Spannung

Für eine einachsige elastische Spannung und ein System, in dem das Gitter elastisch und isotrop ist und in dem die interstitiell gelösten Wasserstoffatome das Gitter in alle Richtungen gleichmäßig expandieren, gilt nach Li, Oriani und Darken[7)]

$$- (\mu_H - \mu_H^o) = RT \ln \frac{c_H}{c_H^o} = \bar{V}_H \sigma_h \qquad (1)$$

wobei μ_H und μ_H^o die chemischen Potentiale des Wasserstoffs mit und ohne Spannung bei der gleichen Wasserstoffkonzentration, c_H und c_H^o die Wasserstoffgleichgewichtskonzentrationen mit und ohne Spannung, $\bar{V}_H$ das partiale molare Volumen des interstitiell gelösten Wasserstoffs und σ_h die hydrostatische Spannung sind. σ_h ist positiv bei Zugspannung und negativ bei Druckspannung. Die Wasserstofflöslichkeit nimmt nach Gleichung (1) bei einer Zugspannung zu und bei einer Druckspannung ab.

2.1.1.2 Wasserstoffdiffusion in Stahl

Die Wasserstoffatome können von Gitterfehlern z.B. durch Wechselwirkungen mit Spannungsfeldern angezogen oder abgestoßen werden und in Hohlräumen zu Wasserstoffmolekülen rekombinieren, so daß die Durchschnittsbeweglichkeit des Wasserstoffs im Stahl herabgesetzt wird. Eine befriedigende Übereinstimmung der gemessenen Diffusionskoeffizienten des Wasserstoffs wurde nur bei Temperaturen oberhalb von etwa 3oo°C festgestellt[8,9] (Bild 1). Nach König und Lange[1o] gilt im Bereich unterhalb 3oo°C für reines Eisen

$$\lg D_H^{\alpha\text{-Fe}} = (-3{,}67 \pm 0{,}18) - \frac{1483 \pm 86}{4{,}575 \cdot T} \qquad (2)$$

wobei D_H der Diffusionskoeffizient des Wasserstoffs und T die Temperatur sind.

2.1.1.3 Spannungsverteilung vor der Hohlraumspitze

Eine Spannungskonzentration vor der Hohlraumspitze ist beim Vorhandensein einer äußeren Zugspannung oder Eigenspannung zu erwarten, die als "Kerbwirkung" bekannt ist. Für einen ebenen Spannungszustand und sehr schlanke Ellipsen ($L \gg L'$) gilt näherungsweise:

$$\sigma_z' = 2\,\sigma\, L\sqrt{L/\rho} \qquad (3)$$

wobei L und L' die Halbachsen der Ellipsen, ρ der Krümmungsradius der Rißspitze, σ_z' die maximale Zugspannung in der Nähe der Hohlraumspitze und σ die äußere mittlere Zugspannung sind[11,12]. In dem Bereich, in dem die Streckgrenze des Werkstoffs überschritten wird, tritt plastische Verformung auf. Die maximale Wasserstoffkonzentration tritt an der elastisch-plastischen Grenze auf, da dort nach Rice und Johnson[13] die maximale Mehrachsigkeit herrscht. Die Entfernung δ_t zwischen Hohlraumspitze und maximaler Mehrachsigkeit wird nach der Gleichung

$$\delta_t = \frac{K^2}{2E\,\sigma_s} \qquad (4)$$

abgeschätzt, wobei σ_s die Streckgrenze und K die Spannungsintensität sind.

Beim Einsetzen typischer Zahlen für hochfeste Stähle ergeben sich δ_t-Werte von 10^{-5} bis 10^{-6} cm. Bild 2 zeigt die Verteilung der Normalspannung in Abhängigkeit von der Entfernung von einer Hohlraumspitze. Gestrichelte Bereiche sind die entsprechenden plastischen Zonen.

Als unmittelbare Folge der Ausbildung einer plastischen Zone tritt eine Abstumpfung der Hohlraumspitze auf, ohne daß die wahre Rißlänge sich ändert:

$$\frac{\rho}{3a_o} = \frac{\gamma_p}{\gamma_o} \quad (5)$$

wobei ρ der Krümmungsradius der Rißspitze, a_o der atomare Gleichgewichtsabstand, γ_p die plastische Verformungsenergie und γ_o Oberflächenenergie sind.

Ein Krümmungsradius ρ von 5×10^{-3} cm wurde bei der Beobachtung des stabilen Rißwachstums in einem o,45 C-Ni-C-Mo-Stahl mit einem Spannungsintensitätsfaktor K ($= \sigma\sqrt{L}$) von 2432 $N/mm^{3/2}$ und mit $\sigma_z' = E/10$ für die Trennung der Atombindung berechnet[14]. Wenn $\sigma\sqrt{L}$ genügend groß ist, kann σ_z' Werte über der maximalen Kohäsionskraft oder 1/2o des E-Moduls annehmen[14].

2.1.1.4 Wasserstoffdiffusion in die verspannte Zone vor der Hohlraumspitze

Für den Strom der Wasserstoffatome pro Einheitsfläche, der unter der Einwirkung eines Gradienten des chemischen Potentials fließt[15], gilt

$$j_H = - c_H \cdot B_H \cdot \text{grad}\ \mu_H \quad (6)$$

wobei j_H die Stromdichte und B_H die Beweglichkeit sind.

Aus der Kombination der Gleichungen (1) und (6) ergibt sich

$$j_H = - D_H\ \text{grad}\ c_H + \frac{D_H\ c_H\ \bar{V}_H}{kT}\ \text{grad}\ \sigma_h \quad (7)$$

wobei angenommen wurde, daß μ_H^o und c_H durch einen von der Zusammensetzung unabhängigen Aktivitätskoeffizienten verknüpft werden[16]. Die Gleichung (7) läßt erkennen, daß beim Anlegen einer Spannung im Gitter sich ein Wasserstoffstrom einstellt, der in Richtung zunehmender Spannung fließt.

Diese Aussage stimmt mit der von Troiano[17] überein, der angenommen hatte, daß der gelöste Wasserstoff zu dem "dreiachsigen maximalen Spannungsgebiet" in der Nähe der Rißspitze diffundiert. Eine solche Wasserstoffdiffusion ist in jedem Gitterbereich zu erwarten, wo elastische Spannungsgradienten vorhanden sind. Diese Erwartung wurde durch Beobachtung der Wanderung von radioaktivem Wasserstoff (Tritium) im Bereich der maximalen Spannung am Kerbgrund bestätigt[18].

Während die durch Gradienten der elastischen Spannung verursachte Wasserstoffdiffusion ein klassischer Diffusionsprozeß ist, in dem Sinne, daß das Springen des interstitiell gelösten Wasserstoffatomes ausschließlich durch die thermodynamische Triebkraft beeinflußt wird, ist die durch Gradienten von Temperatur oder elektrischem Potential bedingte Diffusion zusätzlich ein Resultat der Wechselwirkung der Wasserstoffatome mit anderen Strömen[16]. Je nach Art des betreffenden Metalles kann sich der Wasserstoff zur wärmeren oder kälteren Seite der Probe bzw. zur positiven oder negativen Seite der Probe bewegen. Anders als die durch Gradienten der elastischen Spannung verursachte Wasserstoffdiffusion kann die durch Gradienten von Temperatur und elektrischem Potential hervorgerufene Diffusion zu einer Übersättigung führen und Ausscheidungen oder chemische Reaktionen ermöglichen[16].

Durch Vergrößerung der Zugspannung nahe der Hohlraumspitze findet eine Wasserstoffdiffusion von der Umgebung in Richtung der Hohlraumspitze nach Gleichung (7) statt. Die Folge ist, daß die Wasserstoffkonzentration in der Nähe der Hohlraumspitze größer wird. Dies ist ein thermodynamischer Effekt, dessen Grund in der reversiblen Dilatation des Gitters und in der Volumenvergrößerung unter der elastischen Zugspannung liegt. Um überall das gleiche chemische Potential zu erreichen, neigt der Wasserstoff dazu, sich im Bereich der Zugspannungen zu konzentrieren und den Bereich der Druckspannungen zu verlassen[19].

Die Erhöhung der Wasserstoffkonzentration nahe der Hohlraumspitze kann mit Hilfe der Gleichung (1) berechnet werden, wenn man σ_h für die maximale Zugspannung vor der Hohlraumspitze einsetzt. Unter der Annahme, daß der Bruch erfolgt, wenn die Zugspannung vor der Hohlraumspitze die theoretische Bruchspannung erreicht, ist σ_h etwa E/μ. Bei der Berechnung ergibt sich $c_H/c_H^o = 4 \times 10^7$[19] für Eisen, was als eine grobe Näherung betrachtet werden muß, weil wegen der exponentiellen Form der Gleichung (1) das Ergebnis gegenüber dem eingesetzten Wert für σ_h sehr empfindlich ist. Das Ergebnis liegt jedoch wahrscheinlich nahe der oberen Grenze.

Eine Wasserstoffkonzentration von etwa vier H-Atomen pro 10^8 Fe-Atomen im Gitterbereich steht bei RT und ohne äußere Spannungen im Gleichgewicht mit einem Wasserstoffdruck von 1 atm. Die Wasserstoffkonzentration $c_H = 4 \times 10^7\ c_H^o$ ist nicht sehr groß, wenn für c_H^o die Gleichgewichtswasserstoffkonzentration für einen Wasserstoffgasdruck von 1 atm eingesetzt wird. c_H entspricht bei der theoretischen Bruchspannung dann etwa zwei Wasserstoffatomen pro Fe-Atom[19].

2.1.1.5 Wasserstofftransport durch die Oberfläche des Hohlraums

Beim Wasserstofftransport durch die Oberfläche des Hohlraums sind zwei Vorgänge zu unterscheiden, nämlich die Absorption und die Desorption. Die Absorption ist der Vorgang des Wasserstoffeintritts aus der Umgebung des gasförmigen Wasserstoffs in die Probe und die Desorption der des Wasserstoffaustritts aus der Probe.

Bei der Absorption durchläuft der molekulare Wasserstoff die Teilschritte erst der Physisorption und dann der Chemisorption, bei der Desorption legt der gelöste atomare Wasserstoff erst die Teilschritte der Chemisorption und dann der Physisorption zurück.

Die Metalloberfläche ist ein zweidimensionaler Gitterfehler. Die Atome an der Oberfläche können nicht symmetrisch und allseitig mit benachbarten Atomen in Wechselwirkung treten, wodurch freie Valenzen entstehen[20], die Anziehungskräfte auf umgebende Gasmoleküle ausüben[21,22]. Die auf Grund der ungesättigten Bindungskräfte resultierende höhere Oberflächenenergie wird durch die Aufnahme der Wasserstoffgasmoleküle an der Oberfläche (Adsorption) unter Freiwerden eines bestimmten Energiebetrages (Adsorptionswärme) herabgesetzt.

Die Physisorption wird durch niedrige Adsorptionswärme (kleiner als 41,9 kJ/mol: 1o kcal/mol) und überwiegend (reversible) van-der-Waalssche Bindungskräfte charakterisiert, während die Chemisorption durch eine höhere Adsorptionswärme (größer als 41,9 kJ/mol) und überwiegend kovalente oder ionische Bindungsformen gekennzeichnet ist, deren Bindungen mit dem Übergang der Elektronen verbunden und fester als die der Physisorption sind[8].

Der Übergang von der Physisorption zur Chemisorption ist fließend. Bei der Chemisorption ändern sich die chemischen und energetischen Verhältnisse des Gasmoleküls (Spaltung des Moleküls in Atome und starke Annäherung zur Oberfläche) und der Oberfläche (Abnahme der Oberflächenenergie unter Bildung einer neuen Phase von Metall und Wasserstoff und Elektronenumverteilung)[8].

2.1.1.6 Wasserstoffgasdruck im Hohlraum

Durch Desorption entstehen Wasserstoffmoleküle an den inneren Metalloberflächen, die in den Hohlraum transportiert werden, wodurch der Wasserstoffgasdruck im Hohlraum zunimmt. Durch den entstehenden Druck im Hohlraum können die Spannungszustände um die Hohlräume beeinflußt und die Verteilung der Wasserstoffkonzentration entsprechend neu eingestellt werden. Bei Wasserstoffübersättigung von Eisen kann, wie P. Bardenheuer[23] experimentell nachwies, der Wasserstoffdruck in den Poren über 3oo atm betragen. Theoretische Berechnungen[24,25] ergaben, daß die auftretenden Drücke einige tausend Atmosphären betragen müßten.

2.1.2 Wechselwirkungen des Wasserstoffs im Gitterbereich

2.1.2.1 Wechselwirkungen des Wasserstoffs mit Gitteratomen

Die Stärke der metallischen Bindung ändert sich durch die Wechselwirkung des Wasserstoffatoms mit dem Gitteratom. Die Elektronenstruktur sowohl der äußeren (s+p)-Bahnen als auch der nächstinneren d-Bahnen kann die Bindungsenergie der Übergangsmetalle verändern[26].

Die Gitteratome der zweiten Hälfte der Übergangsmetalle neigen dazu, die Elektronen der Wasserstoffatome in die d-Bahnen aufzunehmen, wodurch die Kohäsionskraft der Gitteratome abnimmt[2,14,17,26,27], während die der ersten Hälfte aber dazu neigen, Hydride unter Abgabe der (s+p)-Bahn-Elektronen an Wasserstoff zu bilden[26]. Je nach den vorliegenden Bedingungen können aber auch die Wasserstoffelektronen in die d-Bahnen der ersten Hälfte der Übergangsmetalle aufgenommen werden, wodurch die Kohäsionskraft der Gitteratome zunimmt, und Hydride mit der zweiten Hälfte der Übergangsmetalle gebildet werden[2].

2.1.2.2 Wechselwirkungen des Wasserstoffs auf Zwischengitterplätzen

Die Wechselwirkung des Wasserstoffs mit einem äußeren Spannungsfeld wurde durch die Beobachtung von Snoek-Peaks[28,29] bei sehr tiefer Temperatur bestätigt, wobei die Wasserstoffatome den Platzwechsel entweder von Oktaeder- zu Oktaederzwischengitterplätzen oder von Tetraeder- zu Tetraederzwischengitterplätzen ausüben[3o]. Bei der Analyse von Snoek-Peaks wurde für den Prozeß eine Aktivierungsenergie von 8,4 kJ/mol (2 kcal/mol) gefunden.

Der Wasserstoff sitzt in atomarer Form bei kfz-Metallen auf oktaedrischen und bei krz-Metallen auf tetraedrischen Zwischengitterplätzen[16,28]. Nach R.A. Oriani[16] ist es jedoch wahrscheinlich, daß der gelöste Wasserstoff in Alpha-Eisen als Proton vorliegt, das sein Elektron an das Elektronengas des Metalls abgegeben hat. Es wird aber auch die Auffassung vertreten, daß der Wasserstoff auf Zwischengitterplätzen atomar eingelagert wird und nur den Platzwechsel als Proton ausübt[31]. Eine Anordnung von Wasserstoffatomen auf kristallographisch bevorzugten Netzebenen des Eisens erscheint nach Röntgenfeinstrukturuntersuchungen unwahrscheinlich[32]. Es gibt auch keinen klaren Beweis aus röntgenographischen Untersuchungen für die Änderung des Gitterparameters beim Wasserstoffeinwirken[32,33,34], ausgenommen bei Temperaturen oberhalb 3oo°C. Thermischer Ausdehnungskoeffizient, Dichte und Gitterstruktur wurden durch Wasserstoff nicht beeinflußt[34]. Eine magnetische Nachwirkungsanisotropie durch Wasserstoff tritt auf, wenn Wasserstoffatome von Grundgitteratomen asymmetrisch umgeben werden[35,36].

2.1.2.3 Wechselwirkungen des Wasserstoffs mit Leerstellen

Über die Wechselwirkung des Wasserstoffs mit Leerstellen scheint keine definitive Information vorhanden zu sein. Nach W.R. Heller[37] ist wahrscheinlich, daß die Bindung des Protons an Leerstellen energetisch günstiger ist als die an Versetzungen, weil die Adsorptionswärme des Protons zwischen 63 kJ/mol (15 kcal/mol) und 138 kJ/mol (33 kcal/mol) für Eisen liegt, während die Bindungsenergie zwischen Versetzung und Proton nicht größer als 1o kJ/mol (2,5 kcal/mol) ist.

2.1.2.4 Wechselwirkungen des Wasserstoffs mit Versetzungen

Die Versetzung ist von Spannungsfeldern mit Zug-, Druck- und Schubspannungen umgeben. Y.T. Chou und J.C.M. Li[38] haben die Konzentrationen der interstitiell gelösten H-Atome um die Spannungsfelder einer Stufenversetzung mit Hilfe der Gleichung (1) berechnet. c_H sei die Wasserstoffkonzentration in einer bestimmten Entfernung vom Zentrum des Spannungsfeldes, wo das Spannungssystem die hydrostatische Komponente σ_h hat, und c_H^o die Wasserstoffkonzentration bei σ_h = O. Es stellte sich heraus, daß bei $\bar{V}_H$ = 2 cm^3/Grammatom und T = 3oo K im α-Eisen die Iso-Konzentrationslinie mit c_H/c_H^o = 5o einen Durchmesser von etwa 1o Å und die für c_H/c_H^o = 5 einen Durchmesser von 25 Å hat. Die Näherungsrechnung zeigt, daß die Gesamtmenge des im Spannungsfeld einer Stufenversetzung enthaltenen Wasserstoffs größer als die in dem Versetzungskern enthaltene Wasserstoffmenge ist[16].

Wegen der hohen Diffusionsgeschwindigkeit können mögliche Wechselwirkungen des Wasserstoffs mit der Versetzungsbewegung und deren Blockierung bei kleineren Versetzungsgeschwindigkeiten nur im Bereich sehr tiefer Temperaturen liegen[29,39]. G. Gibala[29] fand ein von Schoek vorausgesagtes Maximum[27,39,4o] der Versetzungsdämpfung des Reineisens bei 8o kHz im Temperaturbereich zwischen 145 und 22o K und eine Wechselwirkungsenergie von 26,8 ± 6,7 kJ/mol. Bei Schwingungszahlen von etwa 1o MHz liegen diese Maxima über der Raumtemperatur[41]. Es wurde auch vermutet, daß die kritische Schubspannung[14)] für die Gleitung der Versetzung bzw. die Verformbarkeit[42-46)] durch die gelösten Wasserstoffatome abnehmen.

2.2 Einfluß des Wasserstoffs auf das mechanische Verhalten von Stahl

Die im Schrifttum zur Klärung der Wasserstoffversprödung beschriebenen mechanischen Prüfungen werden im folgenden in statische, quasistatische und dynamische Versuche unterteilt und beschrieben.

2.2.1 Quasi-statische und dynamische Versuche

2.2.1.1 Einfluß des Wasserstoffs auf die mechanischen Kennwerte

Die Streckgrenze wird durch Wasserstoffeinwirken nicht beeinflußt[4,5,29,42,47,48,49)] oder nur unwesentlich erniedrigt[1,45,46,47,5o-54)] oder erhöht[55-57)]. Es wurde berichtet, daß die durch Kohlenstoff und Stickstoff verursachte ausgeprägte Streckgrenze bei Wasserstoffeinwirkung verschwindet[54)], und eine durch Wasserstoff verursachte Streckgrenze bei tieferen Temperaturen entstehen kann[58-61)]. Die Zugfestigkeit wird durch Wasserstoffeinwirkung nicht beeinflußt[42,47,62,63)] oder nur geringfügig ab-[47,5o,62)] bzw. zunehmen[55)]. Die wahre Bruchspannung nimmt mit zunehmender Wasserstoffkonzentration deutlich ab[5,42,64,65)]. Die Härte verhält sich ähnlich wie die Zugfestigkeit[66)]. Die Bruchzähigkeit wird durch Wasserstoff nur geringfügig beeinflußt[67)] oder merkbar reduziert[68,69)]. Die Kerbschlagzähigkeit wird durch Wasserstoff nicht beeinflußt[42)]. Bruchdehnung und Brucheinschnürung nehmen erheblich mit zunehmender Wasserstoffkonzentration ab[42,47,51,52,55,63,7o,71)].

2.2.1.2 Einfluß der Versuchsbedingungen auf das mechanische Verhalten beim Wasserstoffeinwirken

Art der Wasserstoffbeladung

Der Einfluß des Wasserstoffs auf die Duktilität hängt grundsätzlich nicht davon ab[51,69)], ob Wasserstoff vor der Versuchsdurchführung aufgenommen wird[51,52)] oder ob er während der Verformung durch gasförmige (Druckwasserstoff[51]) und Schwefelwasserstoffgas[72,73])) oder durch flüssige Medien (Schwefelwasserstofflösung[51,55,72,73])) eingebracht wird.

Werkstoffzustand

Die Neigung zur Wasserstoffversprödung nimmt mit zunehmender Konzentration von Fremdelementen wie Kohlenstoff[52]) und Schwefel[63]) zu. Bei Austeniten wird eine um zwei oder drei Größenordnungen größere H-Beladung benötigt, um die gleiche Versprödung wie im Ferrit zu erzeugen[74]). Die normalgeglühte Probe ist empfindlicher gegen Druckwasserstoff als die vergütete[51]). Wenn austenitisches Material abgeschreckt wird, wird es bei Wasserstoffeinwirkung spröder, als wenn es langsam abgekühlt wurde[75]).

Die Wasserstoffversprödung wird um so stärker, je weiter der Gefügezustand vom thermodynamischen Gleichgewicht entfernt ist[1]). Martensit neigt besonders stark zur Wasserstoffversprödung.

Material mit hoher Zugfestigkeit und Härte ist gegen Wasserstoffversprödung empfindlicher als weiches Material. Bei Stählen mit hoher Zugfestigkeit tritt der Bruch der Probe durch einzelne, senkrecht zur Richtung der angelegten Zugspannung verlaufende Risse auch dann ein, wenn die höhere Zugfestigkeit durch Kaltverformung erzielt wurde[63]). Bei allen weicheren Stählen treten Blasen, Innenrisse und feine Oberflächenrisse auf. Ist kein äußeres Zugspannungsfeld da, so sind die Risse wahllos orientiert, während sie sich unter dem Zugspannungsfeld senkrecht zu diesem ausrichten[55]).

Untersuchungen über den Einfluß der Korngröße zeigten, daß die Wasserstoffversprödung beim grobkörnigen Werkstoff ausgeprägter ist als beim feinkörnigen[1,76]). Je spröder der Werkstoff, umso eher neigt er zur Wasserstoffversprödung.

Oberflächenzustand

Der Oberflächenzustand wirkt sich auf die Wasserstoffversprödung stark aus. Bei kaltverfestigter Oberfläche ist der

Duktilitätsabfall am stärksten. Wird die Probe anschließend mechanisch oder elektrolytisch poliert oder bei Austenisierungstemperatur geglüht, ist der Abfall sehr viel weniger ausgeprägt[51]. Mögliche Erklärungen für diesen Befund sind die Transportfähigkeit des Wasserstoffs an der Grenzfläche, die durch Kerbwirkung der Riefen bedingte örtliche Spannungserhöhung im Riefengrund und die Kaltverfestigung der oberflächennahen Zonen durch die Bearbeitung. Aus der Tatsache, daß sowohl bei Zugversuchen unter Druckwasserstoff als auch mit vorheriger Wasserstoffbeladung ein ähnlicher Effekt gefunden wurde[51], ist zu schließen, daß die Transportvorgänge an der Oberfläche dafür nicht verantwortlich sind. Bei der Glühbehandlung wird die Verfestigung der oberflächennahen Randgebiete beseitigt, wobei gleichzeitig die Schärfe des Riefengrundes durch die Erniedrigung der Oberflächenenergie[52] abgerundet wird, so daß die Spannungshöhe und die Wasserstoffkonzentration im Riefengrund beim Versuch kleiner werden. Aus diesem Grunde ist es nicht entschieden, ob die Kerbwirkung der Riefen oder die Kaltverfestigung von entscheidender Bedeutung für die Wasserstoffversprödung sind.

Probengeometrie (Kerbzustand)

Bei Versuchen ohne Wasserstoffeinwirken liegt die Zugfestigkeit gekerbter Proben höher als bei ungekerbten, um so stärker, je schärfer die Kerbe[77,78] ist. In Anwesenheit von Wasserstoff erleiden die gekerbten Zugproben generell eine stärkere Festigkeitseinbuße[52,71,62,79] als ungekerbte Proben[79]. Nach einer Untersuchung über den Einfluß bei Wasserstoffeinwirken nimmt die Festigkeit mit zunehmender Kerbschärfe zunächst erheblich ab und dann etwas zu, während die Brucheinschnürung ständig stark abnimmt[71].

Verformungsart und -grad

Die quer zur Walzrichtung entnommenen Proben zeigen stärkere Duktilitätsabnahmen durch Wasserstoff als die längs entnommenen[51].

Bis zum Verformungsgrad von etwa 6 % fanden Morlet, Johnson und Troiano[80] eine leichte Zunahme der Duktilität mit zunehmendem Verformungsgrad, während andere Forscher[51,55] über deren starke Verschlechterung durch Vorverformung berichteten. Nach Erdmann-Jesnitzer[81] sinkt die Duktilität zunächst ab, um dann wieder anzusteigen, wobei eine maximale Duktilitätsabnahme im Bereich von 3 bis 5 % Vorverformung eintritt. Bei großen Vorverformungen geht die Schädigung dann gegen Null. Außerdem fand Naumann[55] bei gestauchten Proben eine Verminderung der Kerbschlagzähigkeit um 4o %, die bei unverformten Proben durch Wasserstoff nicht beeinflußt wird.

Verformungsgeschwindigkeit und Temperatur

Der Einfluß der Verformungsgeschwindigkeit und der Temperatur auf die Wasserstoffversprödung läßt erkennen, daß es sich um einen diffusionsgesteuerten Vorgang handelt. Die Duktilität nimmt beim Wasserstoffeinwirken mit abnehmender Verformungsgeschwindigkeit[17,51,74,82-85] und mit steigender Temperatur[52,82-87] ab, während sie bei Abwesenheit von Wasserstoff unter sonst gleichen Bedingungen zunimmt. Bild 3 zeigt die Einflüsse der Verformungsgeschwindigkeit und der Temperatur auf die Duktilität a) für unbeladenen Stahl und b) für beladenen[85]. Auf der Fläche (c) nimmt die Duktilität bei steigender Temperatur und bei abnehmender Verformungsgeschwindigkeit ab und auf der Fläche (d) sowohl bei steigender Temperatur als auch bei steigender Verformungsgeschwindigkeit zu. Die Erklärungen für das Auftreten des Duktilitätsminimums in Abhängigkeit von der Temperatur sind unterschiedlich:

1) Die Wechselwirkung der Wasserstoffbewegungsgeschwindigkeit mit der Versetzungslaufgeschwindigkeit spielt eine entscheidende Rolle[1,82]. Aus dem Ergebnis, daß das Ende der Duktilitätserholung bei einer bestimmten Temperatur unabhängig von der Verformungsgeschwindigkeit ist, vermutet Gravill[82], daß die Duktilitätserholung durch Wasserstofftransport durch Versetzungen[88-91] nahe der Hohlraumspitze erfolgt.

2) Nach Fast und Ooijen[83] ist der Wasserstoffdruck in den Hohlräumen dafür verantwortlich. Mit zunehmender Temperatur sollen die Wasserstoffatome die Möglichkeit haben, die Hohlräume durch Diffusion zu erreichen. Bei weiterer Temperaturerhöhung soll in erster Linie der zu einem bestimmten Wasser-

stoffgehalt gehörende Gleichgewichtswasserstoffdruck in den Hohlräumen stark abnehmen und zweitens das Metall bei Temperaturen über 1oo°C seinen Wasserstoff sehr schnell verlieren. Der Wasserstoffdruck soll mit zunehmender Temperatur zunächst zunehmen und dann abnehmen.

3) Beim Zugversuch unter Druckwasserstoff sucht Hofmann[52] die Ursache für das Duktilitätsminimum in der kleineren Adsorptionsfähigkeit des Wasserstoffs an der Probenoberfläche bei tieferer Temperatur und umgekehrt.

4) Die zunehmende Plastizität mit zunehmender Temperatur ist die Ursache für die Duktilitätserholung[84].

Bei einer Untersuchung über den Einfluß der Verformungsgeschwindigkeit auf die Duktilität fanden Wiester, Hengstenberg und Dahl[51], daß die Duktilität mit abnehmender Verformungsgeschwindigkeit zunächst ab- und dann zunimmt: Die auf Diffusion beruhende versprödende Wirkung des Wasserstoffs kommt zunächst mehr zur Geltung und dann die Wasserstoffeffusion aus der Probe. Bei einem Dauerschwingversuch wurde festgestellt, daß das Ermüdungsverhalten bei niedriger Frequenz (o,2 bis 1 Hz) erheblich schlechter ist als das bei höherer Frequenz (2o Hz) [92,93]. Bei der niedrigeren Frequenz haben die Wasserstoffatome genug Zeit, in die verspannte Zone vor der Hohlraumspitze zu diffundieren und können den Einfluß auf die Hohlraumausbreitung ausüben. Owen und Scott haben ein ausgeprägtes Duktilitätsminimum bei Vanadium- und Titanproben und Hydridausscheidung bei den Proben im Temperaturbereich des Duktilitätsminimums gefunden[94]. Auch bei Kerbzugproben wurde ein Minimum der Kerbzugfestigkeit in Abhängigkeit von der Temperatur gefunden[95].

2.2.2 Statische Versuche

2.2.2.1 Beschreibung des Versuchs

Zug- oder Kerbzugproben werden unter einer konstanten Belastung gehalten, wobei die Wasserstoffaufnahme sowohl vor dem Versuch als auch während des Versuchs aus der Umgebung erfolgen kann. Das Maß der Wasserstoffversprödung ist die Standzeit, nach der die Proben brechen. Je länger die Standzeit ist, um so duktiler ist das Material.

Die Kinetik der Wasserstoffversprödung ist im Bild 4 schematisch dargestellt. Bei einem bestimmten Spannungsniveau wird ein Riß nach einer bestimmten Zeit (Induktionszeit) entstehen[86]. Der entstandene Riß wird dann wachsen, wobei die Spannung nahe der Hohlraumspitze mit fortschreitendem Rißwachstum zunimmt.

Wenn die äußere Spannung erhöht wird, werden Inkubationszeit und Rißwachstumszeit kleiner[86]. Oberhalb einer bestimmten Spannung (obere kritische Spannung) geht die Probe beim Aufbringen der Belastung sofort zu Bruch. Unterhalb der unteren kritischen Spannung ist selbst bei langen Belastungszeiten mit keinem Bruch zu rechnen. Die Inkubationszeit hängt von der Spannung weniger ab als die Rißwachstumszeit.

2.2.2.2 Einfluß der Versuchsbedingungen auf das Zeitstandverhalten beim Wasserstoffeinwirken

Höhere Wasserstoffkonzentrationen[17,63,72,73,96], schärfere Kerbe[17] und höhere Zugfestigkeit[55,72] oder Härte[97,98] verschieben die einzelnen Teile der Zeitstandkurve zu ungünstigeren Werten[4] (Bild 4), d.h. obere und untere kritische Spannung sowie Inkubations- und Rißwachstumszeit werden kleiner. Größerer Schwefelgehalt im Stahl verkürzt die Standzeit[63]. Grobkörnige Proben zeigen ein deutlich schlechteres Standzeitverhalten als die feinkörnigen, und zwar je gröber desto deutlicher[72]. Vergütungsgefüge haben längere Standzeiten[63]. Durch elektrolytisches Polieren der Proben werden gegenüber dem feingeschliffenen Zustand etwas verlängerte Standzeiten erreicht[72]. Sowohl Sulfid-[63] als auch Oxidschichten[72] hemmen den Wasserstofftransport in die Probe und verlängern die Standzeit.

Das Zeitstandverhalten wird durch Kaltverformung schlechter und ist bei kleinerer Spannung vom Kaltverformungsgrad deutlicher abhängig als bei höherer[72]. Bei den Querproben ist die Standzeit kürzer als bei den Längsproben[63,72]. Eine Verlängerung der Standzeiten mit steigender Temperatur wurde in Zeitstandversuchen sowohl in Schwefelwasserstofflösungen als auch in Salzsäurelösungen gefunden[98,99]. Ein ausgesprochenes Zeitstandminimum in Abhängigkeit von der Versuchstemperatur tritt wie das Duktilitätsminimum bei quasi-statischen Versuchen auf[98,99,1oo].

2.3 Theorien der Wasserstoffversprödung

Vielfach wird vermutet, daß die Versprödung durch Wasserstoff in der Probe und durch Wasserstoffumgebung nach unterschiedlichen Mechanismen abläuft, weil es im allgemeinen kaum einen Zusammenhang zwischen der Anfälligkeit verschiedener Metalle gegenüber den beiden Arten der Wasserstoffversprödung gibt[1o1]. So sind zum Beispiel hochfeste Nickellegierungen sehr empfindlich gegen eine Wasserstoffatmosphäre und relativ immun gegen Wasserstoff in der Probe, während sich die Baustähle in beiden Fällen etwa gleichermaßen empfindlich verhalten[1o1]. Beim Verspröden in einer Wasserstoffumgebung tritt die Rißbildung an der Metalloberfläche auf, während im Falle des inneren Wasserstoffs die Risse im Metall gebildet werden. Obwohl die kinetischen Vorgänge des Wasserstofftransportes zur Hohlraumspitze in beiden Fällen unterschiedlich sein mögen, ist es unwahrscheinlich, daß die Mechanismen der Wasserstoffversprödung in atomistischen und mikroskopischen Aspekten unterschiedlich sind.

Der Wasserstofftransport im Stahl kann durch Konzentrationsgradienten des Wasserstoffs, durch Spannungsgradienten und auch durch Wanderung der Gitterfehler wie Versetzungen und Leerstellen erfolgen. Im Gleichgewichtszustand ist das chemische Potential des Wasserstoffs überall gleich. Die Wasserstoffkonzentration kann aber entsprechend der Stärke der Spannungsfelder unterschiedlich groß werden. Eine Kenntnis der örtlichen Wasserstoffkonzentration scheint notwendig zu sein, um das Zustandekommen der Wasserstoffversprödung erklären zu können. Wenn eine kritische Kombination von Wasserstoffkonzentration und Spannung erreicht wird, wird eine Materialtrennung (Hohlraumbildung und -ausbreitung) erfolgen und eine Versprödung durch Wasserstoff in Erscheinung treten[14,67,86,1o2]. In welcher Weise der Wasserstoff an die kritischen Stellen transportiert und der Hohlraum wachsen wird, wird durch die Kinetik des Wasserstofftransports und des Hohlraumwachstums beschrieben. Die diskontinuierliche Natur der Hohlraumausbreitung wurde versuchsmäßig durch Widerstands-[17,1o3], Schallemissions-[1oo,1o4,1o5], Potentialabfalls-[1o6] und Rißlängenmessung[1o7] mehrmals bestätigt, während ähnliche Versuche ohne Wasserstoffeinwirken keine stufenförmige Hohlraumausbreitung ergaben. Nach einer Stufe der Hohlraumausbreitung diffundiert Wasserstoff eine Zeit lang in die kritischen Stellen, um die nächste Hohlraumausbreitung durch die kritische Kombination von Wasserstoffkonzentration und Spannung zu erreichen. Ein allgemein gültiger Mechanismus der Wasserstoffversprödung sollte die aus beiden kinetischen Vorgängen resultierenden Beobachtungen erklären können. Kritische Stellen für die Wasserstoffversprödung sind Gitterbereich, Hohlräume und Grenzfläche der beiden Bereiche.

Eine große Anzahl der vorgeschlagenen Theorien kann in drei Gruppen aufgeteilt werden: Drucktheorie, Adsorptionstheorie und Troiano-Theorie. Nach der Drucktheorie soll Wasserstoff im Hohlraum, nach der Adsorptionstheorie Wasserstoff an der Grenzfläche des Hohlraums und nach der Troiano-Theorie Wasserstoff im Gitterbereich verantwortlich für die Wasserstoffversprödung sein.

2.3.1 Drucktheorie

Die Drucktheorie[65,1o8] ist die älteste Theorie der Wasserstoffversprödung. Nach dieser Vorstellung geschieht die Hohlraumausbreitung infolge der mechanischen Wirkung des hohen Drucks, der durch den molekular in Werkstofftrennungen ausgeschiedenen Wasserstoff erzeugt wird. Die Zugspannung σ_f vor der Hohlraumspitze, die für die Hohlraumausbreitung nötig ist, ist für den Fall des quasi linear-elastischen Werkstoffverhaltens

$$\sigma_f = \sqrt{\frac{2E}{\pi c}\,(\gamma_o + \gamma_p)} \qquad (8)$$

und wird beim Wasserstoffeinwirken um den Wasserstoffdruck P_{H_2} im Hohlraum erniedrigt, wobei γ_o die spezifische Oberflächenenergie, γ_p die plastische Verformungsenergie, E der Elastizitätsmodul und c die modifizierte Rißlänge sind.

Beim Wasserstoffeinwirken können sich Blasen direkt unter der Oberfläche leichter bei weichen Stählen bilden als bei hochfesten. Die Blasenbildung an der Oberfläche ist nach der Drucktheorie zu erklären[1o9]. Nach Untersuchungen von Tetelman [11o] über das Rißverhalten bei der elektrolytischen Wasserstoffbeladung in Eisen-Silizium-Einkristallen ohne äußere Spannung erzeugt der Wasserstoffgasdruck eine innere Spannung

$$P_{H_2} = \sqrt{\frac{2E}{\pi c}(\gamma_o + \gamma_p)} \qquad (9)$$

die zu Rißbildung durch Trennbruch bei festem Material und durch Erzeugung von Versetzungen um Mikrorisse[111] zu unebenen Hohlräumen bei weichem Material führt. Die diskontinuierliche Rißausbreitung, hervorgerufen durch Wasserstoffdiffusion zum wachsenden Riß, um den nach Gleichung (9) nötigen Wasserstoffdruck im Riß zu erreichen, ist experimentell[11o] nachgewiesen worden. Es ist ein starker, aber nicht vollkommener Beweis für die Drucktheorie, weil dabei die möglicherweise vorher vorhandenen inneren Spannungen nicht berücksichtigt wurden[3]. Die Diskontinuität der Rißausbreitung kann in der Weise erklärt werden, daß mit dem Wachsen des Risses zunächst der Wasserstoffgasdruck sinkt und der Riß zum Stehen kommt, und daß sich durch Nachdiffusion der für ein Weiterwachsen erforderliche Druck erneut aufbaut und der Riß wiederum einen Abschnitt weiterläuft[4].

Die Drucktheorie wurde auch durch Dämpfungs- und elektrische Widerstandsmessungen von Fast und van Ooijen[112] unterstützt. Ein Maximum der Versetzungsdämpfung durch Wasserstoff wurde bei den Proben ohne Vorverformung gefunden, was darauf hindeuten soll, daß sich Versetzungen durch den hohen Wasserstoffdruck in Hohlräumen bilden und in Wechselwirkung mit Wasserstoff treten. Eine stärkere Zunahme des elektrischen Widerstandes mit zunehmender Wasserstoffkonzentration als bei der kaltverformten Probe wurde beim weichgeglühten Eisendraht gefunden. Die Steigerungsrate der Versetzungsdichte durch Wasserstoffdruck in Hohlräumen soll nach der Meinung der Verfasser bei der weichgeglühten Probe größer sein.

Eine Kritik an der Drucktheorie ist aus dem einfachen Grunde schwierig, weil dieses Konzept grundsätzlich richtig ist. Die Schwierigkeit könnte gelöst werden, wenn man beweisen könnte, daß der Wasserstoffgleichgewichtsdruck im Hohlraum zu klein ist, um eine zusätzliche innere Spannung zu erzeugen[113)], die zusammen mit den anderen vorhandenen Spannungen zur Auslösung der Hohlraumausbreitung führt, oder der Werkstoff zu duktil ist, so daß die Hohlraumausbreitung allein durch innere Spannung nicht erfolgen kann[3)]. Bei der Wasserstoffübersättigung des Eisens kann der Wasserstoffdruck in Poren über 3oo atm betragen[23)]. Galofalo[114)] hat berechnet, daß der kritische Wasserstoffdruck, der überschritten werden muß, damit ein Rißkeim nach Zener[115)] und Stroh[116)] ohne Einwirkung einer angreifenden äußeren Spannung wächst, bei 25°C zwischen $1{,}5.1o^4$ und $2{,}2.1o^4$ atm liegen müßte.

Die Drucktheorie ist jedoch ungeeignet, den versprödenden Effekt unter einer Druckwasserstoffatmosphäre zu erklären[31, 113)]. Die Duktilitätsabnahme wurde auch bei einem Wasserstoffgasdruck von 1 atm beobachtet[51)]. Für die Rißausbreitung kann fast keine zusätzliche Energie gewonnen werden, weil der Wasserstoffgasdruck im Hohlraum aus thermodynamischen Gründen nicht über den Außendruck steigen kann. Dies ist ein sicheres Argument gegen jede Art von Drucktheorie[5)].

Unter Verwendung von Tritium und durch elastische und plastische Verformung von Stählen wurde gezeigt, daß Wasserstoff durch bewegende Versetzung transportiert werden kann[117)]. Aus diesem Grunde wurde vermutet[117,118,119)], daß in Versetzungen konzentrierter Wasserstoff während der Verformung in Hohlräume transportiert und dorthin entladen werden kann. Dies ist ein kinetischer Effekt[5)]. Solange dieses Konzept für die Drucktheorie eingesetzt wird, muß seine Gültigkeit nach dem heutigen Kenntnisstand bezweifelt werden[5)].

Eine andere Variation der Drucktheorie wurde von de Kazinczy[65)] vorgestellt. Diese beruht auf dem thermodynamischen Konzept, daß die adiabatische Wasserstoffgasexpansion durch eine Energiefreigabe begleitet wird. Diese Energiefreigabe soll die Spannung für die Hohlraumausbreitung erniedrigen.

2.3.2 Adsorptionstheorie

Von Petch und Stable[12o,121] wurde vorgeschlagen, die Wasserstoffversprödung durch Abnahme der Oberflächenenergie durch Wasserstoffadsorption zu erklären. Die Energie für die Rißausbreitung, die Bruchenergie (γ_B), ist die Summe der Oberflächenenergie (γ_o) und der plastischen Verformungsenergie (γ_p):

$$\gamma_B = \gamma_o + \gamma_p \qquad (1o)$$

Die typische Bruchenergie eines niedriglegierten Stahls schwankt von o,46 bis 5,2 J/cm^2 (von o,11 bis 1,25 cal/cm^2) und die Oberflächenenergie beträgt etwa $8{,}4.1o^{-5}$ J/cm^2 ($2.1o^{-5}$ cal/cm^2), während die Adsorptionswärme des Wasserstoffs in der Größenordnung der Oberflächenenergie[1o1,122] liegt. Nach diesen Ergebnissen ist die Bruchenergie ungefähr $5.1o^4$ mal größer als die Oberflächenenergie oder die Adsorptionsenergie. Die Wasserstoffadsorptionswärme kann die Energie für die neue Oberflächenbildung bis maximal auf Null abbauen, nicht aber die für die plastische Verformung. Ein anderer experimenteller Beweis gegen die Adsorptionstheorie ist die Beobachtung, daß Sauerstoff keinen Einfluß auf die Duktilität hat, obwohl er an Eisen stärker adsorbiert wird als Wasserstoff[5,14].

Petch[121] hat dagegen die Bruchenergie bei den Proben mit und ohne Wasserstoffbeladung gemessen und gefunden, daß die Differenz der Bruchenergie mit der Wasserstoffadsorptionswärme zu vergleichen ist.

2.3.3 Troiano-Theorie

Nach Morlet, Johnson und Troiano[8o] liegt die kritische Stelle für eine Wasserstoffversprödung nicht im Hohlraum oder an der Grenzfläche des Hohlraums, sondern im Gitterbereich, dort, wo hohe Spannungskonzentrationen, wie z.B. vor der Hohlraumspitze, herrschen. Folgendes Experiment dazu wurde durchgeführt[8o]:
Die Zugproben wurden elektrolytisch mit Wasserstoff beladen, mit Cadmium plattiert, eine Stunde lang bei 15o°C homogenisiert, bei -196°C vorverformt, bei 65°C unterschiedlich lange ausgelagert und anschließend bei Raumtemperatur zerrissen. Im Bild 5

sind die Ergebnisse schematisch dargestellt. Bei kleiner Auslagerungszeit nimmt die Duktilität mit zunehmender Auslagerungszeit zu, dann ab, um schließlich wieder zuzunehmen. Es ist anzunehmen, daß sich während der Vorverformung Hohlräume bilden und daß ein Wasserstofftransport vom Gitterbereich zum Hohlraum während der Auslagerung bei 65°C stattfindet und sich damit der neue Gleichgewichtszustand einstellt. Bild 5 zeigt schematisch, wie sich die Wasserstoffkonzentration im Gitterbereich vor der Hohlraumspitze in Abhängigkeit von der Auslagerungszeit ändert, wo der hohe dreiachsige Spannungszustand während des Zugversuchs auftritt. Zu Beginn der Auslagerung nimmt die Wasserstoffkonzentration vor der Hohlraumspitze wegen des starken Unterdrucks im Hohlraum schnell ab und nach längerer Auslagerungszeit durch Wasserstofftransport von entfernteren Orten und Druckerhöhung im Hohlraum wieder zu. Nach langer Auslagerungszeit ist die Wasserstoffeffusion aus der Probe groß und die Wasserstoffkonzentration nimmt überall ab. Ein Vergleich der Wasserstoffkonzentration in der verspannten Zone vor der Hohlraumspitze und der Duktilität bei unterschiedlichen Auslagerungszeiten (Bild 5α und β) läßt erkennen, daß die Duktilität der Wasserstoffkonzentration in der verspannten Zone vor der Hohlraumspitze umgekehrt proportional ist: Die Duktilität nimmt mit sinkender Wasserstoffkonzentration (a $\rightarrow$ b $\rightarrow$ c) zu und mit steigender Wasserstoffkonzentration ab (c $\rightarrow$ d).

Die Drucktheorie kann das Versuchsergebnis nicht erklären. Der Wasserstoffdruck nimmt durch Wasserstofftransport vom Gitterbereich während der Auslagerung ständig zu, bevor massive Wasserstoffeffusion aus der Probe erfolgt und der Druck wieder abnimmt. Nach der Drucktheorie sollte die Duktilität zunächst ständig abnehmen und nach längerer Auslagerungszeit wieder zunehmen. Mit der Adsorptionstheorie ist dieses Ergebnis auch nicht erklärbar, weil die Duktilität von der adsorbierten Wasserstoffmenge abhängig sein soll und diese eine einfache Funktion des Wasserstoffdrucks im Hohlraum ist.

Das Versagen beider Theorien führt zu dem Schluß, daß nur die Wechselwirkungen des Wasserstoffs im Gitterbereich die Wasserstoffversprödung verursachen können. Nach Morlet, Johnson und Troiano[80)] wird die Größe der Wasserstoffversprödung durch die gleichzeitige Wirkung von Wasserstoffkonzentration und Spannung bestimmt. Je größer die Wasserstoff- und Spannungskonzentrationen sind, desto größer wird die Versprödung. Die Diskontinuität der Hohlraumausbreitung ist in der Weise zu verstehen, daß die Wasserstoffatome in die kritische Stelle der dreiachsigen hohen Spannung vor der Hohlraumspitze während der Inkubationszeit eindiffundieren und bei einer kritischen Kombination von Wasserstoff- und Spannungskonzentration ein Stück der Hohlraumausbreitung stattfindet, bis der Hohlraum zum Stillstand kommt, so lange, bis der Wasserstoff in ausreichender Menge in die neue kritische Stelle transportiert und der nächste Teil der Hohlraumausbreitung ermöglicht wurde. Troiano[17)] hat angenommen, daß der erste Hohlraum in einer bestimmten Entfernung vor der Hohlraumspitze gebildet wird und während des ersten Teiles der Hohlraumausbreitung in die Richtung zur Hohlraumspitze wächst. Das bedeutet, daß am Ort der Hohlraumbildung die hydrostatische Spannung und die Wasserstoffkonzentration maximal sind.

Durch welche Wechselwirkungen des Wasserstoffs im Gitterbereich die Versprödung zustande kommt, ist nicht klar[16)]. Zur Klärung sind die Dekohäsionstheorie und die Versetzungstheorie vorzustellen.

2.3.3.1 Dekohäsionstheorie

Die Dekohäsionstheorie wurde von Troiano[17)] vorgeschlagen, von Oriani[14,123)] weiter entwickelt und von verschiedenen Forschern unterstützt[2,86,88,124-13o)]. Die gelösten Wasserstoffatome geben ihre Elektronen ab, die in die 3d-Elektronen-Bahnen der Gitteratome (Übergangsmetalle der zweiten Hälfte) aufgenommen werden, wodurch die interatomare Kohäsionskraft der Gitteratome reduziert wird[2,14,17,26,27,131)].

Die Arbeit für die reversible und quasi-statische Trennung der Kristalle entlang der kristallographischen Ebene ist $A.n \int_{z_o}^{\infty} F(z)\,dz$, wobei n die Anzahl der Atome pro Einheitsfläche der kristallographischen Ebene der Fläche A im Kristall, F(z) die Kohäsionskraft in Abhängigkeit der interatomaren Entfernung z pro Atom in der Ebene und z_o die interatomare Gleichgewichtsentfernung sind[14)]. Durch die Trennung der Atome wird die neue

Oberfläche von 2A gebildet, deren Energie 2A γ_o beträgt, wobei γ_o die Oberflächenenergie ist. Beim reversiblen und isothermen System gilt[14]:

$$\int_{z_o}^{\infty} F(z)\,dz = (2/n)\ \gamma_o \qquad (11)$$

Das Wesentliche des kinetischen Modells[14] liegt darin, daß ein Hohlraum wächst, wenn die senkrecht zur Rißebene gerichtete lokale maximale Zugspannung gleich der maximalen kohäsiven Widerstandskraft n F_m pro Einheitsfläche ist, und daß die Hohlraumwachstumsgeschwindigkeit von den kinetischen Prozessen abhängig ist, durch die diese Gleichheit erhalten bleibt:

$$\sigma_z' = 2\,\sigma\,(L/\rho)^{1/2} = n\,.\,F_m \qquad (12)$$

wobei die einzelnen Bezeichnungen in Gleichung (3) beschrieben sind.

ρ und F_m werden durch die Rißausbreitungsgeschwindigkeit v und die Wasserstoffkonzentration beeinflußt. Mit zunehmender Rißausbreitungsgeschwindigkeit ist die Zeit für die Abstumpfung der Hohlraumspitze durch die plastische Verformung kürzer. Andererseits ist die Wasserstoffkonzentration nahe der Rißspitze eine Funktion von σ_z', v, T und μ_H. Bei $2\sigma\sqrt{L/\rho} < n\,.\,F_m$ bleibt ein Riß stehen und wird warten, bis F_m durch Wasserstofftransport zur Rißspitze genügend abnimmt. Eine Rißausbreitung ist von sehr komplizierten, kinetischen Vorgängen begleitet, weil ρ und F_m von verschiedenen Faktoren abhängig und diese voneinander abhängig sind.

Trotz der Ähnlichkeit zwischen der Adsorptions- und der Dekohäsionstheorie besteht ein bedeutender Unterschied[14]. Nach der Dekohäsionstheorie ergibt die Abnahme der Kohäsionskraft durch Wasserstoff eine Abnahme der Oberflächenenergie, wobei die Bruchspannung für die Rißausbreitung abnimmt. Weil der Wasserstoff zunächst in den elastisch stark verspannten Bereich eindringen muß, ist die Dekohäsionstheorie kinetisch brauchbar und thermodynamisch identisch mit dem Konzept der Abnahme der Oberflächenenergie (notwendige und hinreichende Bedingungen), während die Adsorptionstheorie kinetisch unbrauchbar ist (notwendige Bedingung).

2.3.3.2 Versetzungstheorie

Der Wasserstoff kann die Versetzungsbewegung und die plastische Verformung beeinflussen[45,46,117]. In der Versetzungstheorie werden im wesentlichen drei Ursachen für die Veränderung der Duktilität in Gegenwart von Wasserstoff im Gitterbereich für möglich gehalten. Diese drei Ursachen werden nachstehend erörtert.

2.3.3.2.1 Blockierung der Versetzungsbewegung durch physikalische Wechselwirkung mit Wasserstoffatomen

Ein Versetzungsdämpfungsmaximum durch die Wechselwirkung der Versetzungen mit Wasserstoffatomen ist nur entweder bei sehr tiefer Temperatur[29] oder bei sehr hoher Versetzungsgeschwindigkeit[41] zu finden. Dieses Verhalten ist durch die hohe Diffusionsgeschwindigkeit des Wasserstoffs zu verstehen. Eine Wasserstoffbewegungsgeschwindigkeit von $6.1o^{-3}$ cm/sec wurde bei Anwendung des Raumtemperatur-Wasserstoffdiffusionskoeffizienten von $2,2 \ . \ 1o^{-7}$ cm^2/sec errechnet, während die Versetzungsgeschwindigkeit in Stahl z.B. bei einer Querhauptgeschwindigkeit der Zugmaschine von 1 mm/min den Wert von $1 \ . \ 1o^{-4}$ cm/sec nicht übersteigt. Ein Vergleich zwischen Wasserstoffbewegungs- und Versetzungsgeschwindigkeit läßt sofort erkennen, daß eine physikalische Wechselwirkung der Versetzungen mit Wasserstoffatomen bei Raumtemperatur und langsamer Verformungsgeschwindigkeit nicht möglich ist.

2.3.3.2.2 Erleichterung der Versetzungsbewegung durch physikalische Wechselwirkung mit Wasserstoffatomen

Die Erleichterung[42-46,117,132] der Versetzungsbewegung durch physikalische Wechselwirkung mit Wasserstoffatomen ist dadurch zu erklären, daß die Kohäsionskraft[2,14,17,26,27,124] der Gitteratome durch die Aufnahme der Wasserstoffelektronen in die 3d-Bahnen der zweiten Hälfte der Übergangsmetalle und dadurch die kritische Schubspannung[14] für die Gleitung der Versetzung abnehmen. Die experimentellen Nachweise sind Abnahme des Elastizitätsmoduls[27], Abnahme der Härte[132,133], Entfestigung, Erleichterung der Verdampfung der Eisenatome[134], Zunahme der Duktilität mit zunehmender Verformung[8o]. Diese Vorstellung der

Entfestigung kann die Erscheinung der Versprödung nur schwer erklären und höchstens für die Drucktheorie herangezogen werden.

2.3.3.2.3 Blockierung der Versetzungsbewegung durch chemische Wechselwirkung mit Wasserstoffatomen

Unter der chemischen Wechselwirkung sollten alle chemischen Reaktionen des Wasserstoffs mit den in Stahl vorkommenden Elementen während der Verformung verstanden werden. Dutton und Puls[135] haben ein Modell für die wasserstoffinduzierte Hohlraumausbreitung für die hydridbildenden Metalle vorgeschlagen, wonach die Wasserstoffatome zunächst in die verspannte Zone vor der Hohlraumspitze diffundieren und die spröde Hydridphase unter Einwirkung der Spannung gebildet und gebrochen werden soll. Die Hydridausscheidungen aus der übersättigten Cottrell-Atmosphäre[136] (Ti) und aus dem Gitterbereich vor der Hohlraumspitze[1o5,1o6,137-139] (Zr) unter Last wurden beobachtet, wodurch die Versetzungsbewegung blockiert wird[2]. Die Hydridausscheidung wird durch zyklische thermische Behandlung während des statischen Versuchs[139] beschleunigt und senkrecht zur Zugspannung orientiert stattfinden[94,1o6,137-139]. Bei den Übergangsmetallen der zweiten Hälfte liegt noch kein Bericht über die Hydridbildung während der Verformung und deren Einfluß auf die mechanischen Eigenschaften vor.

3 Aufgabenstellung

Das Ziel dieser Arbeit besteht darin, den Mechanismus der Wasserstoffversprödung aufzuklären.

Dazu sind jedoch genauere Kenntnisse über die Transportvorgänge des Wasserstoffs erforderlich. Daher wurden zunächst Versuche durchgeführt, mit deren Hilfe der Einfluß von Gitterfehlern wie Hohlräume, Versetzungen und Leerstellen auf das Wasserstoffeffusionsverhalten (Zugversuch) sowie der Einfluß des Wasserstoffs auf die Leerstellendiffusion (elektrische Widerstandsmessung) untersucht und Aktivierungsenergie sowie langsamster Schritt des Wasserstofftransports (Zugversuch) bestimmt wurden.

Im Schrifttum existieren drei grundsätzlich verschiedene Theorien der Wasserstoffversprödung: Drucktheorie, Adsorptionstheorie und Troiano-Theorie. Um die Richtigkeit der Troiano-Theorie nachzuweisen, wurden Zugversuche durchgeführt, bei denen u.a. Versuchstemperatur, Verformungsgeschwindigkeit, Auslagerungszeit, Vorverformung, Wasserstoffkonzentration und Werkstoffstruktur variiert wurden. Lage und Aussehen der Bruchfläche wurden ebenfalls ausführlich untersucht.

Auch nach der Troiano-Theorie ist die Frage offen, wie die im Gitter gelösten Wasserstoffatome die Hohlraumausbreitung erleichtern, ob durch die erleichterte Trennung der Gitteratome (Dekohäsionstheorie) oder durch die Blockierung der Versetzungsbewegung (Versetzungstheorie). Selbst bei der Richtigkeit der Versetzungstheorie ist noch zu entscheiden, welche der drei nach der Versetzungstheorie möglichen Wechselwirkungen zwischen Versetzungen und Wasserstoff, nämlich Blockierung der Versetzungsbewegung durch physikalische Wechselwirkung mit Wasserstoffatomen, Erleichterung der Versetzungsbewegung durch physikalische Wechselwirkung mit Wasserstoffatomen oder Blokkierung der Versetzungsbewegung durch chemische Wechselwirkung mit Wasserstoffatomen, für die Wasserstoffversprödung verantwortlich ist.

4 Versuchsbeschreibung und Versuchergebnisse

4.1 Versuchsdurchführung

4.1.1 Probenvorbereitung

Für die Zugversuche wurde ein höchstfester Stahl und für die Versuche mit elektrischer Widerstandsmessung C 75 verwendet, deren chemische Zusammensetzungen in Tafel 1 und 2 und deren Probengeometrie in Bild 6 und Bild 7 angegeben sind. Bei den zylindrischen Zugproben wird eine runde dünnere Stelle in der Probenmitte eingearbeitet, um den Bruch immer in der Probenmitte zu erhalten. Das gelieferte Rundmaterial wird zunächst bei 79o ^{o}C 45 min austenitisiert und dann in Öl abgeschreckt. Danach wird es eine Stunde bei 37o ^{o}C angelassen und anschließend in Wasser abgeschreckt.

4.1.2 Beschreibung der Wasserstoffbeladung und Cadmiumplattierung

Die Zugproben werden vor der Beladung mit Wasserstoff fein geschliffen und in Kohlenstofftetrachlorid entfettet. Für die Wasserstoffbeladung wurde als Elektrolyt 4-prozentige Schwefelsäure mit As_2O_3-Zusatz (1g/1ol H_2SO_4) benutzt. Die Stromdichte war bei allen Proben o,31.1o^{-4} A/mm^2. Die Plattierung mit Cadmium wurde direkt nach der elektrolytischen Beladung in einem Natriumzyanid-Bad vorgenommen. Die Plattierungszeit und Stromdichte waren jeweils 15 Minuten und 2,145.1o^{-4} A/mm^2. Tafel 3 gibt die Zusammensetzung des verwendeten Zyanidbades an. Bei der Wasserstoffbeladung und der Cadmiumplattierung wurden 12 Proben gleichzeitig behandelt, damit die Wasserstoffkonzentrationen der Proben in einer Serie gleich werden.

4.1.3 Durchmessermessung der Zugprobe

Für die kontinuierliche Durchmessermessung der Zugproben während der Verformung wurde eine Apparatur gebaut. Bild 8 zeigt schematisch diese Apparatur. Das Meßprinzip besteht darin, daß der Probendurchmesser mit zwei Meßschneiden abgetastet wird, wobei die relative Bewegung zwischen den Meßschneiden mittels eines induktiven Wegaufnehmers gemessen wird. Dabei müssen die Meßschneiden während des Meßvorganges parallel bleiben, jede der Meßschneiden muß senkrecht zur Probenachse reibungsfrei beweglich sein und durch eine Kraft an die Probe angedrückt werden. Außerdem muß während des Zugversuchs das Gerät längs der Probe bewegt werden, wobei die Meßschneiden in ständiger Berührung mit der Probenoberfläche bleiben müssen. Hohe Anpreßkräfte sind zu vermeiden, damit die Meßschneiden nicht zu schnell verschleißen. Die Bewegung der beiden Meßschneiden längs der Probe wird durch einen Gleichstrommotor konstant gehalten.

Bei der Bewegung parallel zur Probenachse tasten die beiden Meßschneiden die Probenoberflächen ab; die Abstandsänderungen werden in einen induktiven Wegaufnehmer übertragen und mit Hilfe eines Linienschreibers über einen 5o-kHz-Trägerfrequenz-Meßverstärker 1oo-fach vergrößert festgehalten. Das vom induktiven Wegaufnehmer erhaltene Meßsignal, das der Durchmesseränderung entspricht, wird vom Schreiber als Funktion der Zeit aufgezeichnet. Zwischen Meßschneiden und Spitzenlager auf der Buchse werden zwei Zugfedern installiert, um beidseitiges Anpressen der Meßschneiden an die Probe zu ermöglichen. Damit die Versuche auch bei unterschiedlichen Temperaturen durchgeführt werden können, wurde ein Kryostat für den Temperaturbereich von -155°C bis Raumtemperatur gebaut, dessen Kühlmittel durch Einbringen flüssigen Stickstoffs in eine Kühlschlange gekühlt und dessen Temperatur über den Strom des flüssigen Stickstoffs geregelt wird.

4.1.4 Vorversuche

In zwei Probenserien wird die Reproduzierbarkeit der Wasserstoffkonzentration geprüft. Dabei wurde in einer Probenserie die Beladungszeit variiert und in der anderen die Auslagerungszeit.

In der ersten Probenserie wurden die Zugproben unterschiedlich lange mit Wasserstoff beladen, mit Cadmium plattiert und eine Stunde lang bei 15o°C homogenisiert, weil nach der Beladung die Wasserstoffverteilung in der Probe sehr ungleichmäßig ist, und zwar ist in der Nähe der Probenoberfläche die Wasserstoffkonzentration größer als in der Probenmitte. Bei der Homogenisierung gleichen sich die Konzentrationsunterschiede an, wobei der Cadmiumüberzug als Hindernis gegen die Wasserstoffeffusion wirkt[8o).

Die Proben wurden dann in einer Zugprüfmaschine (Instron) bei Raumtemperatur und einer Querhauptgeschwindigkeit (Q) von 1 mm/min zerrissen. Die mechanischen Eigenschaften wie Brucheinschnürung, Streckgrenze, Zugfestigkeit und wahre Bruchspannung wurden in Abhängigkeit von der Beladungszeit beobachtet. Die Brucheinschnürung (Bild 9) und die wahre Bruchspannung nehmen mit zunehmender Beladungszeit deutlich ab. Die Streckgrenze und Zugfestigkeit zeigen keine eindeutige Änderung und scheinen jedoch bei starker Beladung etwas abzunehmen.

In der zweiten Probenserie wurden Proben 2 Stunden lang mit Wasserstoff beladen, im Ölbad bei 6o°C unterschiedlich lange ausgelagert und anschließend bei Raumtemperatur und Q = 1 mm/min zerrissen. Die Brucheinschnürung nimmt mit zunehmender

Auslagerungszeit deutlich zu (Bild 1o).

Ein Vergleich der Versuchsergebnisse beider Probenserien (Bild 9 und Bild 1o) läßt erkennen, daß die Streuung der Brucheinschnürungswerte bei der zweiten Probenserie deutlich kleiner ist, d.h. die Reproduzierbarkeit bei der Einstellung der Wasserstoffkonzentration ist durch die unterschiedliche Auslagerung nach vorheriger und gleicher Beladung besser zu erreichen. Aus dem Grunde wird die Wasserstoffkonzentration aller folgenden Versuche durch Auslagerung eingestellt. Außerdem ist klar zu erkennen, daß durch längere Auslagerung die Ausgangsduktilität vollkommen wieder hergestellt wird. Daraus ist zu schließen, daß noch keine bleibenden Werkstoffschädigungen wie Mikrorisse etwa nach Tetelmann und Robertson[111)] entstehen konnten, zumindest nicht in dem Maß, daß sich die mechanischen Eigenschaften bleibend ändern.

4.2 Transportvorgänge des Wasserstoffs in Stahl

Genauere Kenntnisse über die Transportvorgänge des Wasserstoffs sind erforderlich, um den Mechanismus der Wasserstoffversprödung aufzuklären. In diesem Kapitel werden daher die Versuche über den Einfluß der Gitterfehler, wie Hohlräume, Versetzungen und Leerstellen, auf das Wasserstoffeffusionsverhalten, über die Bestimmung der Aktivierungsenergie für die Wasserstoffeffusion und über die Bestimmung des langsamsten Schrittes für den Wasserstofftransport durchgeführt.

4.2.1 Einfluß der Hohlräume, Versetzungen und Leerstellen auf das Wasserstoffeffusionsverhalten

Das Ziel der in diesem Kapitel geschilderten Versuche liegt darin, die Gitterfehler herauszufinden, die die entscheidende Rolle bei der Wasserstoffeffusion spielen. Die Gitterfehler wie Hohlräume, Versetzungen und Leerstellen werden durch das Kaltrecken der Zugproben hergestellt. Das Eliminieren bestimmter Gitterfehler geschieht durch Wärmebehandlung über der Rekristallisationstemperatur (für Versetzungen und Leerstellen) oder unter 2oo°C (für Leerstellen). Das Wasserstoffeffusionsverhalten der verschiedenen Probenserien mit den unterschiedlichen Gitterfehlern soll verglichen und der verantwortliche Gitterfehler herausgefunden werden.

4.2.1.1 Das Wasserstoffeffusionsverhalten nach dem Kaltrecken (Gemeinsames Existieren von Hohlräumen, Versetzungen und Leerstellen)

Zunächst wird der Einfluß aller beim Kaltrecken entstehenden Gitterfehler auf das Wasserstoffeffusionsverhalten untersucht. In drei Serien wurden Proben unterschiedlich stark bei -196°C vorverformt (o %, 3 % und 1o %) und anschließend 2 Stunden lang mit Wasserstoff beladen. Die Proben jeder Serie wurden bei 6o°C im Ölbad unterschiedlich lange ausgelagert und danach zerrissen. Bild 11 zeigt die Brucheinschnürung in Abhängigkeit von der Auslagerungszeit. Die Duktilität erholt sich in den drei Probenserien mit zunehmender Auslagerungszeit sehr unterschiedlich. Bei der nicht vorverformten Probe (VVO) werden bis zum Erreichen völliger Ausheilung (ungefähr 55 %) etwa zwei Stunden gebraucht, während nach 3 % Vorverformung (VV3) dazu 2o Stunden und nach 1o % Vorverformung (VV1o) noch längere Zeiten nötig sind. Es ist bemerkenswert, daß die Proben mit stärkerer Vorverformung (VV1o) und hoher Wasserstoffkonzentration immer im plastischen Bereich zu Bruch gingen, während die mit kleineren Vorverformungen (VVO und VV3) schon im elastischen Bereich brachen.

Nach dem Kaltrecken sind die Gitterfehler wie Hohlräume, Versetzungen und Leerstellen neu entstanden, und zwar wächst mit steigendem Verformungsgrad die Anzahl der Gitterfehler. Nach den Versuchsergebnissen sind die Zeiten gleicher Duktilitätsausheilung bei den Probenserien mit größerer Vorverformung, d.h. mit zunehmender Zahl von Gitterfehlern, länger. Unter der Annahme, daß die Duktilität zur Wasserstoffkonzentration umgekehrt proportional ist, ist zu schließen, daß die Wasserstoffeffusion bei den Proben mit zunehmender Zahl von Gitterfehlern erschwert wird.

4.2.1.2 Das Wasserstoffeffusionsverhalten nach Kaltrecken und anschließender Wärmebehandlung über Rekristallisationstemperatur (Eliminieren der Versetzungen und Leerstellen)

Um den Einfluß der einzelnen Gitterfehler auf das Wasserstoffeffusionsverhalten zu untersuchen, müssen zwei oder eine von den drei Arten der Gitterfehler eleminiert werden. Eine Möglichkeit ist die Wärmebehandlung über Rekristallisationstemperatur, wodurch Versetzungen und Leerstellen ausheilen, während Hohlräume bleiben.

Die Proben wurden in drei Serien bei -196°C unterschiedlich stark vorverformt (o %, 3 % und 1o %), 4 Stunden lang bei 6oo°C geglüht und anschließend an Luft abgekühlt. Nach der Rekristallisationsglühung wurden alle Proben 2 Stunden lang mit Wasserstoff beladen, die Proben bei 6o°C unterschiedlich lange ausgelagert und dann zerrissen. Im Bild 11 (VVO", VV3" und VV1o") ist die Brucheinschnürung in Abhängigkeit von der Auslagerungszeit dargestellt, die Werte fallen in einer Kurve zusammen. Die Hohlräume haben also keinen Einfluß auf die Wasserstoffeffusion, da die Hohlraumdichte in den drei unterschiedlich stark vorverformten Probenserien nach der Ausheilung der Versetzungen und Leerstellen unterschiedlich ist.

Die Streuung der Versuchsergebnisse ist jedoch ziemlich groß und die Brucheinschnürung ohne Auslagerung weit größer als Null. In nächsten Serien werden die Proben daher einer anderen Wärmebehandlung unterzogen, um diese Streuungen möglichst auszuschalten.

Die Proben wurden in drei Serien ebenfalls bei -196°C unterschiedlich stark vorverformt (o %, 3 % und 1o %). Danach wurden alle Proben nochmals der Ausgangswärmebehandlung (79o°C/45 min/Öl, 37o°C/6o min/Wasser) unterzogen. Nach der Wärmebehandlung wurden alle Proben 2 Stunden lang mit Wasserstoff beladen, die Proben jeder Serie bei 6o°C unterschiedlich lange ausgelagert und dann zerrissen. Die Duktilität erholt sich bei allen Probenserien in gleichen Zeiten (Bild 12). Während der Glühung bei 79o°C werden die Versetzungen ausgeheilt und wahrscheinlich die Hohlraumspitzen abgerundet. Beim Abschrekken können Versetzungen wieder entstehen, aber bei allen Probenserien ist die Versetzungsdichte gleich. Leerstellen sind beim Anlassen ausgeheilt. Auch bei diesen Probenserien ist nur die Hohlraumdichte unterschiedlich, weil die Hohlräume während der Glühung bei 79o°C nicht ausheilen.

Aus den Versuchsergebnissen, wonach die Brucheinschnürung mit zunehmender Auslagerungszeit bei den Probenserien mit stärkerer Vorverformung sich langsamer erholt (Bild 11), ist zu schließen, daß die Gitterdiffusion langsamer ist als der Wasserstoffaustritt an der Probenoberfläche. Bei der Überlegung wurde angenommen, daß die Oberflächeneigenschaften und die Wasserstoffkonzentration der Vergleichsproben gleich sind.

4.2.1.3 Das Wasserstoffeffusionsverhalten nach Vorverformung und anschließendem Anlassen bei 2oo°C (Eliminieren der Leerstellen)

Nachdem die Hohlräume als der entscheidende Faktor für die Wasserstoffeffusion ausscheiden, bleibt noch die Frage offen, welcher der beiden übrigen Gitterfehler, Versetzungen oder Leerstellen, der für die Behinderung der Effusion verantwortliche ist. Eine Möglichkeit, nur die Leerstellen zu eliminieren, ist ein Anlassen bei etwa 2oo°C.

In zwei Serien wurden Proben bei -196°C unterschiedlich stark vorverformt (3 % und 1o %) und anschließend 2o Stunden lang bei 2oo°C in einem Trockenschrank angelassen. Alle Proben wurden dann 2 Stunden lang mit Wasserstoff beladen, bei 6o°C im Ölbad unterschiedlich lange ausgelagert und bei RT zerrissen. Bild 13 zeigt die Abhängigkeit der Brucheinschnürung von der Auslagerungszeit (VV3 und VV1o). Die Kurvenverläufe für den Fall ohne Anlaßbehandlung wurden zum Vergleich mit eingetragen. Die Duktilität heilt bei beiden Probenserien schon nach 4-stündiger Auslagerung vollkommen aus.

Die Leerstellen werden beim Anlassen bei 2oo°C praktisch völlig verschwinden[140)], während der größte Teil der Versetzungen erhalten bleibt[141)]; der Abbau der Leerstellen wurde nach einer Kaltverformung bei -196°C sogar schon im Bereich von -63°C gefunden[142]. Die Proben mit den unterschiedlichen Vorverformungen haben also nach der Auslagerung bei 2oo°C unterschiedliche Hohlraum- und Versetzungsdichten, aber keine Leerstellen. Aus dem Versuchsergebnis, daß das Wasserstoffeffusionsverhalten bei den beiden Probenserien (VV3 und VV1o) mit unterschiedlichen Vorverformungen und Auslagerungen bei 2oo°C gleich ist, ist zu schließen, daß allein die Leerstellen für die Behinderung der Effusion verantwortlich sind, während Hohlräume und Versetzungen ohne Effusion sind.

4.2.1.4 Einfluß des Wasserstoffs auf die Leerstellendiffusion[143,144]

Nachdem ein entscheidender Einfluß der Leerstellen auf die Wasserstoffdiffusion zu beobachten war, ist es nun sinnvoll, den Einfluß des Wasserstoffs auf die Leerstellendiffusion zu untersuchen. Dazu wurden Messungen des elektrischen Widerstandes durchgeführt. Das Probenmaterial bestand aus Stahl C75, dessen chemische Zusammensetzung in der Tafel 2 angegeben wird. Stahl C75 wurde deswegen verwendet, weil nur C75 als Band zur Verfügung stand.

Die Proben werden aus Bändern des Querschnittes o,15 x 2o mm^2 herausgeschnitten; ihre Form ist im Bild 7 dargestellt. Sie werden an einem Quarzstab in ein Quarzrohr gehängt, in dem ein Vakuum von etwa $1o^{-5}$ atm herrscht, und nach dem Aufheizen auf 12oo°C eine Stunde lang geglüht und in dem Quarzrohr mit Hilfe eines Magneten in einem Hg-Bad abgeschreckt, um viele Leerstellen in der Probe zu erzeugen. Nach dem Einspannen in die Probenhalterung wurde die Probe mit einem Lack beschichtet, um Oberflächenbeschädigungen der Probe während der Auslagerung zu vermeiden, und der Anfangswiderstand R_o gemessen. Anschließend wurde sie im Auslagerungsbad ausgelagert und danach im Meßbad wiederum der Widerstand R gemessen.

Der elektrische Widerstand wurde mit einer Thompsonbrücke gemessen. Hierbei dienten je zwei der vier Arme der Probe, über Kreuz geschaltet, als Zuführungen für den Meßstrom oder als Potentialabgriffe. Als Vergleichswiderstand diente eine Probe, die aus dem gleichen Material bestand und die gleiche Abmessung hatte wie die Meßprobe, jedoch nach dem Aufheizen auf 12oo°C mit einer Geschwindigkeit von 1°/min abgekühlt worden war. Als Bad diente ein mit Alkohol gefüllter Thermostat, in dem die Meßprobe und die Vergleichsprobe während der Widerstandsmessung auf gleicher Temperatur (-2o°C) gehalten wurden.

Nach dem Abschrecken wird die Probe bei einer Temperatur ausgelagert, bei der die Leerstellen so beweglich sind, daß die Ausheilung der Überschußleerstellen durch Widerstandsmessung verfolgt werden kann. Um den Einfluß des Wasserstoffs auf die Leerstellendiffusion zu untersuchen, wurde ein Versuch (Bild 14) durchgeführt, bei dem zwei gleichzeitig abgeschreckte Proben mit der gleichen Anfangsleerstellenkonzentration einmal ohne Wasserstoffbeladung und einmal nach einer 5o-minütigen Wasserstoffbeladung bei 88°C ausgelagert und ihre Widerstandsänderung in Abhängigkeit von der Auslagerungszeit gemessen wurden. Bis zu Auslagerungszeiten von etwa 2o Minuten nimmt der relative Widerstand der beladenen Proben deutlich schneller als der der unbeladenen Probe ab. Selbst unter Berücksichtigung, daß die während der Wasserstoffbeladung entstandene Oberflächenschädigung der Probe und die durch die Wasserstoffeffusion bedingte Abnahme der Wasserstoffkonzentration während der Auslagerung zu einer Widerstandszunahme führen (Beweisführung im übernächsten Versuch), bestätigt dieses Versuchsergebnis die Annahme, daß die Leerstellenausheilung in der beladenen Probe schneller als in der unbeladenen Probe erfolgt.

Um den Einfluß der Anfangsleerstellenkonzentration auf die Widerstandsänderung während der Auslagerung zu untersuchen, wurde eine mit den beiden Proben gleichzeitig behandelte unbeladene Probe 3o Tage lang bei Raumtemperatur ausgelagert, wobei Leerstellen ausheilen, und dann die Widerstandsänderung in Abhängigkeit von der Zeit bei 88°C gemessen. Wie erwartet, nimmt der Widerstand langsamer als bei der der Probe mit der größeren Anfangsleerstellenkonzentration ab (Bild 14).

Ein Maß für die Leerstellendiffusion ist die Leerstellenwanderungsenergie. Zur Bestimmung der Wanderungsenergie wird die Temperatur-Wechselmethode verwendet. Im Bild 15 wurde die relative Widerstandsänderung ($R-R_o/R_o$) in Abhängigkeit von der Auslagerungszeit aufgetragen. In jedem Zeitpunkt, an dem die Temperatur gewechselt wurde, wurden die beiden Steigungen der anschließenden Kurven und daraus die Leerstellenwanderungsenergie ermittelt. Der Mittelwert der Wanderungsenergie der Leerstellen beträgt

$$W = 1{,}98 \pm 0{,}11 \cdot 10^{-19} \text{ J } (1{,}24 \pm 0{,}07 \text{ eV}).$$

Dieser Wert wurde an zwei weiteren Proben bestätigt. Eine weitere Probe wurde 5o Minuten lang unter den gleichen Bedingungen mit Wasserstoff beladen und 15 Minuten lang mit Cadmium plattiert. Im Bild 16 wurde die relative Widerstandsänderung $(R-R_o)/R_o$ in Abhängigkeit von der Auslagerungszeit für die mit Wasserstoff beladene Probe aufgetragen. Der Mittelwert der Wanderungsenergie für die wasserstoffbeladene Probe ist

$$W = 1{,}66 \pm 0{,}14 \cdot 10^{-19} \text{ J } (1{,}04 \pm 0{,}09 \text{ eV}).$$

Auch diese Versuchsergebnisse lassen erkennen, daß die Leerstellen sich nach Wasserstoffbeladung schneller bewegen können, denn die Leerstellenwanderungsenergie verkleinert sich um etwa $0{,}32 \cdot 10^{-19}$ J (o,2 eV) durch die Wasserstoffbeladung.

Wichtig ist auch die Kenntnis, welchen Einfluß der gelöste Wasserstoff auf die Widerstandsänderung bei der Probe ohne Leerstellen hat. Zu diesem Zweck wurde eine abgeschreckte Probe bei 88°C sehr lange ausgelagert, damit Leerstellen vollkommen ausheilen, und dann 19o min mit Wasserstoff beladen. Die Widerstandsänderung wurde bei 88°C in Abhängigkeit von der Auslagerungszeit gemessen und aufgetragen (Bild 17). Während der Auslagerung bei 88°C nimmt zunächst die relative Widerstandsänderung schnell zu (etwa o,7 % in 15 Minuten) und bleibt dann fast unverändert. Das bedeutet, daß durch den gelösten Wasserstoff der elektrische Widerstand abnimmt.

4.2.1.5 Diskussionen zum Kap. 4.2.1

Im Gegensatz zum Verhalten des Wasserstoffs bei hohen Temperaturen zeigen Versuche unterhalb 2oo°C eine starke werkstoffabhängige Streuung der Diffusionskonstante und niedrigere Werte als der

Extrapolation entsprechen würde (Bild 1). Diese Abweichungen von dem erwarteten Diffusionsverhalten des Wasserstoffs waren der Anlaß zu einer Reihe von Versuchen, die Anomalien aufzuklären und Begründungen für ihr Auftreten zu finden[8,9].

Nach der "trapping theory"[8] soll ein Teil des diffundierenden Wasserstoffs von "traps" (Fallen) eingefangen werden und sich dort molekular abscheiden, wodurch die Menge der diffundierenden Wasserstoffatome und das Diffusionsvermögen verringert werden. Über die Natur der Fallen liegen nur wenige Aussagen vor. Verschiedene Autoren[145,146,147] weisen darauf hin, daß Hohlräume als allgemeinste Form der vermuteten Fallen für das niedrige Diffusionsvermögen des Wasserstoffs verantwortlich zu machen sind. Auch Versetzungen[37,148,149] und Leerstellen[37] wurden als Hindernisse für die Wasserstoffdiffusion vermutet. Es ist allerdings unbekannt, ob der Wasserstoff in Versetzungen oder Leerstellen in molekularer Form existiert. Aus den Versuchsergebnissen, daß die Leerstellendiffusion durch die Wasserstoffbeladung erleichtert wird, könnte man schließen, daß der Wasserstoff in Leerstellen in atomarer Form existiert. Die bei tiefen Temperaturen gefundene höhere Aktivierungsenergie der Wasserstoffbewegung zwischen 4,2 und 62,8 kJ/mol (1 und 15 kcal/mol)[9] wird dadurch erklärt, daß für die Überführung des unbeweglichen Wasserstoffs aus den Fallen in eine diffusionsfähige Form ein zusätzlicher Energiebetrag aufgebracht werden muß. Die Aktivierungsenergie für die Dissoziation ist aber weit größer (217,7 kJ/mol H). Eine nennenswerte Abhängigkeit des Wasserstoffdiffusionsvermögens von der Porigkeit konnte nur bei Sintereisen bzw. bei kaltgereckten Proben, die Porenvolumina bis zu 3 % enthielten, festgestellt werden[146].

An kaltverformten Proben wurde ein Abfall der Aktivierungsenergie für die Wasserstoffdiffusion schon ab 15o°C beobachtet. Aus diesem Grunde dürften die als Wasserstoff-Fallen in Betracht gezogenen Gitterfehler nach einem mehrstündigen Anlassen oberhalb 15o°C nicht mehr wirksam sein[15o]. Nach Hill und Johnson[151] setzt die Bildung der Fallen von höheren Temperaturen kommend unterhalb von ca. 3oo°C ein, wobei die

Anzahl der Fallen mit sinkender Temperatur steigt. Es muß sich also um Leerstellen handeln. Die Leerstellen in Stahl können schon bei tieferen Temperaturen wie z.B. -63°C [142] abgebaut werden. Nach einem mehrstündigen Anlassen oberhalb 15o°C sind die Leerstellen wahrscheinlich vollkommen abgebaut und als Fallen nicht mehr wirksam. Unter der Bildung der Fallen kann verstanden werden, daß ein Teil der vorhandenen Fallen (Leerstellen) bei einer Versuchstemperatur und -zeit unausgeheilt bleibt. Die Anzahl der bleibenden Fallen wird bei gleicher Versuchszeit mit sinkender Versuchstemperatur zunehmen, weil die Leerstellen bei tieferen Temperaturen langsamer ausheilen. Die Vermutung, daß die Leerstellen die Wasserstoffdiffusion am stärksten behindern, wird dadurch verstärkt, daß die Wanderungsenergie der Leerstellen in kfz-Eisen etwa 75,4 kJ/mol [152] (18 kcal/mol) beträgt und die effektive Aktivierungsenergie für die Wasserstoffdiffusion nach Bild 1 je nach Werkstoffzustand in diesem Temperaturbereich bis 62,8 kJ/mol (15 kcal/mol) ansteigen kann, wahrscheinlich wenn die Leerstellendichte groß ist.

Nachdem die eindeutigen Versuchsergebnisse aus Bild 13 zeigen, daß die Wasserstoffdiffusion durch Leerstellen entscheidend behindert werden, stellt sich die Frage nach dem Grund für diese Behinderung. Als Ursache kann möglicherweise das Spannungsfeld um die Leerstelle oder eine molekulare Wasserstoffausscheidung in Leerstellen oder eine elektrische Wechselwirkung in Frage kommen. Eine Messung der Aktivierungsenergie für die Wechselwirkung von Wasserstoff und Leerstellen könnte Aufschluß über diese Frage geben. Für den Fall der molekularen Wasserstoffausscheidung in Leerstellen sollte die Aktivierungsenergie für Absorption gefunden werden,und für den Fall des Spannungsfeldes oder der elektrischen Wechselwirkung eine andere. Eine Ermittlung von Diffusionskoeffizienten in Permeationsversuchen ist nur an fehlerfreierem Material, das eine definierte Leerstellenkonzentration enthält, sinnvoll, weil die Versuche bei niedrigeren Temperaturen durchgeführt (Leerstellen heilen nicht aus) und die Wasserstoffkonzentration während der Versuche konstant gehalten werden können. Leerstellen werden am besten durch Bestrahlung erzeugt.

Das Versuchsergebnis (Bilder 14 und 16), daß der Wasserstoff die Leerstellendiffusion erleichtert, kann dadurch verstanden werden, daß die Kohäsionskraft der Gitteratome der Übergangsmetalle der zweiten Hälfte durch die Wasserstoffbeladung abnimmt und die Gitteratome leichter beweglich werden. Aus dem Ergebnis, daß der elektrische Widerstand durch die Wasserstoffeffusion nach weitgehender Leerstellenausheilung zunimmt (Bild 17), ist zu vermuten, daß der Wasserstoff als Proton auf Zwischengitterplätzen existiert: Ob der elektrische Widerstand allerdings tatsächlich durch den Elektronenverlust bei der Wasserstoffeffusion zunimmt, ist nicht bekannt.

4.2.2 Aktivierungsenergie und langsamster Schritt des Wasserstofftransports

Die Bestimmung der Aktivierungsenergie gibt wichtige Informationen für die Wasserstofftransportvorgänge beim Vergleich mit den Bindungsenergien zwischen Wasserstoff und geordnetem Zwischengitterplätzen, zwischen Wasserstoff und Versetzungen und zwischen Wasserstoff und Leerstellen und in Verbindung mit einer Bestimmung des langsamsten Schritts eine Möglichkeit zur Bestätigung der Troiano-Theorie.

Versuche zur Bestimmung der Aktivierungsenergie

Zur Bestimmung der Aktivierungsenergie des Wasserstofftransports in Abhängigkeit von der Wasserstoffkonzentration wurden alle Zugproben bei -196°C um 3 % vorverformt und zwei Stunden lang mit Wasserstoff beladen. Drei Probenserien wurden dann jeweils bei drei verschiedenen Temperaturen (45°C, 6o°C, 8o°C) im Ölbad in der Weise unterschiedlich lange ausgelagert, daß unterschiedliche Wasserstoffkonzentrationen in den Proben einer Serie eingestellt wurden, und anschließend bei RT zerrissen. Bild 18 zeigt die Brucheinschnürung in Abhängigkeit von der Auslagerungszeit. Wie zu erwarten ist, erholt sich die Duktilität bei höheren Temperaturen schneller.

Unter der Voraussetzung, daß die Auslagerungstemperatur und -zeit beim Erreichen der gleichen Brucheinschnürung die Arrhenius-Beziehung erfüllt, können die Aktivierungsenergien für den Wasserstofftransport bei verschiedenen Werten der Brucheinschnürung ausgewertet werden. Bild 19 zeigt als Beispiel eine Auftragung der Auslagerungszeit in Abhängigkeit von der Auslagerungstemperatur und läßt erkennen, daß die Arrhenius-Beziehung gut erfüllt wird. Bild 2o zeigt die Änderung der Aktivierungsenergie, die bei verschiedenen Brucheinschnürungswerten ermittelt wurde. Die Aktivierungsenergie nimmt von 29,3 bis 42,9 kJ/mol (7 bis 1o,25 kcal/mol) zu, während die Brucheinschnürung von 1o bis 5o % wächst.

Nach diesem Ergebnis nimmt die gemessene Aktivierungsenergie mit zunehmender Wasserstoffkonzentration ab, da die Brucheinschnürung mit zunehmender Wasserstoffkonzentration abnimmt. Die Werte der gemessenen Aktivierungsenergien sind vergleichbar mit den Literaturwerten für die Aktivierungsenergie der Gitterdiffusion in Stahl[8o,153], die weit entfernt von der Aktivierungsenergie (431,2 kJ/mol) für die Dissoziation des Wasserstoffmoleküls an der Hohlraumoberfläche sind. Unabhängig von den Zahlenwerten läßt auch die Tatsache, daß die Aktivierungsenergie mit abnehmender Wasserstoffkonzentration um etwa 3 kcal/mol zunimmt, erkennen, daß die Meßwerte mit der Aktivierungsenergie für die Gitterdiffusion identisch sind, weil die Aktivierungsenergie für die Dissoziation von der Wasserstoffkonzentration nicht wesentlich abhängig sein kann.

Es ist plausibel, daß die Aktivierungsenergie für die Gitterdiffusion mit abnehmender Wasserstoffkonzentration zunimmt. Die Aktivierungsenergie steigt im Bereich der Brucheinschnürung von 1o bis 2o % mit zunehmender Brucheinschnürung verhältnismäßig langsam, dann im Bereich von 2o % bis 4o % schnell und im Bereich von 4o bis 5o % sehr langsam an. Nach einer Vorverformung von 3 % liegt eine große Menge von Versetzungen, Leerstellen, Hohlräumen und Zwischengitterplätzen in der Probe vor. Die Wasserstoffkonzentration in der Nähe der Probenoberfläche ist entscheidend für den Versprödungsgrad, weil dort die Wasserstoffkonzentration nach zweistündiger Beladung maximal ist. Bei kürzeren Auslagerungszeiten ist die Wasserstoffkonzentration groß und die Brucheinschnürung klein. Bei größeren Wasserstoffkonzentrationen wird ein Teil des Wasserstoffs an Versetzungen und Leerstellen gebunden; die restlichen Wasserstoffatome können dann leicht über Zwischengitterplätze diffundieren, und eine kleinere Aktivierungsenergie wird gemessen. Mit abnehmender Wasserstoffkonzentration wird die durchschnittliche Beweglichkeit der Wasserstoffatome stärker durch Versetzungen und Leerstellen behindert, weil weniger "freie" Wasserstoffatome übrigbleiben, und die Aktivierungsenergie wird zunehmen.

Das Ergebnis, daß die Aktivierungsenergie bei sehr kleinen Wasserstoffkonzentrationen fast unveränderlich und am größten ist, läßt vermuten, daß die Wasserstoffdiffusion ausschließlich durch eine einzige Wechselwirkung kontrolliert wird, die am stärksten die Wasserstoffdiffusion behindert. Die Aktivierungsenergie von 8,4 kJ/mol (2 kcal/mol) für reine Gitterdiffusion und die Bindungsenergie von 25,1 bis 33,5 kJ/mol (6-8 kcal/mol) [29,154] zwischen Versetzungen und Wasserstoff scheinen zu klein zu sein, um die gemessene höchste Aktivierungsenergie von 42,9 kJ/mol (1o,25 kcal/mol) erklären zu können. Vermutlich ist die Aktivierungsenergie von 42,9 kJ/mol identisch mit der Bindungsenergie zwischen Leerstellen und Wasserstoff. Diese Vermutung wird durch das Versuchsergebnis bestärkt, daß Leerstellen die Wasserstoffdiffusionsvorgänge entscheidend kontrollieren (Kap. 4.2.1.3).

Versuche zur Bestimmung des langsamsten Schritts

Zur Bestimmung des langsamsten Schritts für den Wasserstofftransport vom Hohlraum zum Gitterbereich wurde die Wasserstoffkonzentration bei allen zerrissenen Proben dreier Serien (VVO', VV3', VV1o') im Kap. 4.2.1.2 (Bild 12) durch das Heißextraktionsverfahren bestimmt. Bild 21 zeigt die Wasserstoffkonzentrationen der entsprechenden Proben des Bildes 12. Die Duktilität erholt sich bei allen drei Probenserien im gleichen Zeitabstand von Null bis auf den Ausgangswert von 45 bis 5o %.

Im Vergleich dazu nehmen die Wasserstoffkonzentration der drei Probenserien mit zunehmender Auslagerungszeit unterschiedlich ab. Bei der nicht vorverformten Probenserie VVO' hat die Wasserstoffkonzentration nach 6-stündiger Auslagerung den Ausgangswert (Mittelwert aus vier Proben: o,2 ppm) erreicht, während sie bei den stärker vorverformten Proben auch nach 2o-stündiger Auslagerung den Ausgangswert immer noch nicht erreichen konnte, sondern beispielsweise bei der VV1o'-Serie bei etwa o,7 ppm ausläuft. Diese unterschiedliche Abnahme der Wasserstoffkonzentration bei den Probenserien mit unterschiedlichen Vorverformungen muß ihre Ursache in den mit molekularem Wasserstoff gefüllten Hohlräumen haben, weil bis auf die Hohlräume die übrigen Werkstoffeigenschaften bei allen Probenserien identisch sein sollten. Die einzige Möglichkeit zur Erklärung der Versuchsergebnisse ist, daß der Wasserstoffübergang vom Hohlraum zum Gitterbereich (Absorption) der langsamste Schritt ist. Wenn die Gitterdiffusion der langsamste Schritt wäre, dann müßten die Wasserstoffkonzentrationen bei VV1o' auch nach 6-stündiger Auslagerung den Ausgangswert wie bei VVO erreicht haben.

4.2.3 Schlußfolgerungen

Die Versuche wurden hauptsächlich zu dem Zweck durchgeführt, die Transportvorgänge des Wasserstoffs aufzuklären. Im folgenden werden die wichtigsten Ergebnisse beschrieben.

Hohlräume und Versetzungen haben im Gitterbereich keinen Einfluß auf die Wasserstoffdiffusion, sondern der Einfluß der Leerstellen kann geschwindigkeitsbestimmend werden. Außerdem erleichtert die Gegenwart von Wasserstoff im Gitterbereich die Bewegung der Leerstellen und damit deren Ausheilung. Der elektrische Widerstand nimmt mit zunehmender Wasserstoffeffusion zu. Die Leerstellen wurden für die starke Abnahme der Wasserstoffdiffusionsfähigkeit unterhalb 2oo^{o}C deshalb verantwortlich gemacht, weil sie die Wasserstoffdiffusion entscheidend kontrollieren, schon unterhalb 2oo^{o}C sich abbauen und weil die Aktivierungsenergie für den Wasserstofftransport mit der Leerstellenwanderungsenergie vergleichbar ist.

Die gemessene Aktivierungsenergie lag im Bereich der Aktivierungsenergie für die Gitterdiffusion und nahm mit abnehmender Wasserstoffkonzentration zu. Außerdem wurde festgestellt, daß der Wasserstoffübergang vom Hohlraum zum Gitterbereich (Absorption) der langsamste Schritt ist; die Gitterdiffusion und der Wasserstoffübergang vom Gitterbereich zum Hohlraum sind schneller.

4.3 Ergebnisse der Versuche zur Troiano-Theorie

Die Beweisführung für eine Entscheidung über die Richtigkeit einer der drei Theorien der Wasserstoffversprödung, Drucktheorie, Adsorptionstheorie und Troiano-Theorie, ist wichtig, weil erst dann die Entwicklung von detaillierten Vorstellungen über den Mechanismus der Wasserstoffversprödung möglich ist. Im folgenden werden daher die Versuche geschildert, die die Richtigkeit der Troiano-Theorie beweisen können.

4.3.1 Wiederholung der Troiano-Versuche

Die Versuchsergebnisse nach Morlet, Johnson und Troiano[8o)] (Kap. 2.3.3) liefern die eindeutigsten Beweise zur Troiano-Theorie. In diesem Kapitel werden diese Versuche daher wiederholt geprüft und einige kritische Bemerkungen und Ergänzungen zu den Argumenten für diese Versuchsergebnisse angeführt, um sie besser deuten zu können.

4.3.1.1 Ergebnisse bei Vorverformungen von Ψ_V = o%, 1,5% und 3%

Proben von drei Serien wurden 3o Minuten lang mit Wasserstoff beladen, mit Cadmium plattiert und anschließend 5 Stunden lang bei 6o°C zur Homogenisierung der Wasserstoffverteilung in der Probe ausgelagert. Danach wurden die Proben jeweils bis zu einer Querschnittsabnahme von o%; 1,5%; 3% bei -196°C vorverformt. Die Proben jeder Serie wurden dann unterschiedlich lange bei 6o°C im Ölbad ausgelagert und anschließend in der Zugmaschine zerrissen. Die Brucheinschnürungen wurden in Bild 22 für die Vorverformungen von o% (VVO), 1,5% (VV1,5) und 3% (VV3) in Abhängigkeit von der Auslagerungszeit aufgetragen. Die Kurven VV1,5 und VV3 zeigen jeweils ein Duktilitätsmaximum und -minimum, während die Kurve VVO bis zu etwa 5-stündiger Auslagerung beinahe unverändert bleibt und danach ansteigt.

Die Kurvenverläufe sind ähnlich wie bei den Versuchen von Troiano. Bei den Kurven mit Vorverformung sind je ein Duktilitätsmaximum und ein Duktilitätsminimum zu beobachten. Das Versuchsergebnis, daß die Auslagerungszeit bis zum Duktilitätsminimum bei den weniger verformten Proben etwas kürzer ist als bei den stärker verformten, ist von Bedeutung, um die Diffusionsvorgänge des Wasserstoffs in der Probe während der Auslagerung zu verstehen. Die Duktilität nach einer bestimmten Auslagerungszeit hängt nach Morlet, Johnson und Troiano[80] von der momentanen Wasserstoffkonzentration vor der Hohlraumspitze ab, wobei die Änderung der Wasserstoffkonzentration in diesem Gitterbereich während der Auslagerung durch die Hohlraumdichte bestimmt werden soll. Bei diesen Überlegungen wurde aber der Einfluß der anderen Gitterfehler wie Leerstellen und Versetzungen auf die Wasserstoffdiffusion im Gitterbereich nicht berücksichtigt[88], die je nach der Stärke der Vorverformung unterschiedlich zahlreich sind und die Wasserstoffdiffusion entscheidend bestimmen[37,148,149,155] (Kap. 4.2.1.3).

Die Zeiten bis zum Duktilitätsminimum ($t_{A,xmin}$ und $t_{A,ymin}$) sind die notwendigen Zeiten, um das Gleichgewicht zwischen der Wasserstoffkonzentration im Gitterbereich und dem Wasserstoffdruck im Hohlraum zu erreichen. Bei den stärker verformten Proben ist die Hohlraumdichte größer:Der Diffusionsweg des Wasserstoffs aus dem Gitterbereich zum Hohlraum wird also kürzer, und die Triebkraft für diese Wasserstoffdiffusion läßt langsamer nach, weil der Wasserstoffdruck im Hohlraum wegen des größeren Hohlraumvolumens weniger schnell zunehmen kann als bei den Proben mit einer kleineren Hohlraumdichte. Unter der Voraussetzung, daß der Wasserstoffübergang vom Gitterbereich zum Hohlraum nicht der langsamste Schritt ist und Leerstellen und Versetzungen den Wasserstofftransport im Gitterbereich nicht hindern, wie es von Morlet, Johnson und Troiano[80] angenommen wurde, sollte im Gegensatz zu den Versuchsergebnissen die Auslagerungszeit bis zum Duktilitätsminimum, d.h. bis zum Gleichgewicht des chemischen Potentials in der Probe, bei den stärker verformten Proben kürzer sein als bei den weniger verformten Proben.

Nach den Ergebnissen aus Kap. 4.2 verringern aber die Leerstellen die Diffusionsgeschwindigkeit des Wasserstoffs entscheidend. Mit zunehmender Vorverformung nimmt die Leerstellenkonzentration zu und die Wasserstoffdiffusionsgeschwindigkeit dementsprechend ab. Die notwendige Auslagerungszeit bis zum Erreichen des Gleichgewichts zwischen der Wasserstoffkonzentration im Gitterbereich und dem Wasserstoffdruck im Hohlraum wird also länger. Mit dieser

Vorstellung läßt sich das Versuchsergebnis erklären, wonach das Duktilitätsminimum nach größerer Vorverformung später erreicht wird.

Auch die Auslagerungszeit bis zum Erreichen des Duktilitätsmaximums ist bei stärker vorverformten Proben (VV3) länger als bei weniger vorverformten (VV1,5). Dieses Ergebnis ist ebenfalls nach dieser Überlegung zu verstehen. Die Wasserstoffkonzentration vor der Hohlraumspitze hat beim Auftreten des Duktilitätsmaximums den niedrigsten Wert während der Zeit bis zum Erreichen des Gleichgewichtszustandes. Die Zeit bis zum Erreichen der minimalen Wasserstoffkonzentration ist bei größerer Leerstellenkonzentration länger.

Wichtig ist auch das Versuchsergebnis, daß die Duktilität bei einer bestimmten Auslagerungszeit bei den stärker vorverformten Proben größer ist als bei den weniger vorverformten, während bei den sehr lange ausgelagerten Proben das Verhältnis sich umkehrt. Nach Morlet, Johnson und Troiano[80] ist die Hohlraumdichte bei stärker vorverformten Proben größer als bei weniger stark vorverformten Proben, so daß die während der Auslagerung sich einstellenden Wasserstoffkonzentrationen im Gitterbereich kleiner bleiben. Bei den obigen Diskussionen über Duktilitätsmaxima und Auslagerungszeiten wurde aber gefolgert, daß die Wasserstoffkonzentrationen im Gitterbereich bei den stärker vorverformten Proben und kürzeren Auslagerungszeiten durch die stärkere Behinderung der Wasserstoffdiffusion zu den Hohlräumen durch Leerstellen größer werden. Am Anfang der Auslagerung sind die Wasserstoffkonzentrationen im Gitterbereich bei unterschiedlich vorverformten Proben gleich. Unter der Voraussetzung, daß die Wechselwirkungen des Wasserstoffs mit Gitterfehlern wie Leerstellen und Versetzungen keinen Einfluß auf die Duktilität ausüben und nur die Wasserstoffkonzentration im Gitterbereich eine entscheidende Rolle spielt, wie es von Morlet, Johnson und Troiano[80] angenommen wurde, ergibt sich also ein Widerspruch. Dieser Widerspruch ist in der Weise zu lösen, daß die Wechselwirkungen des Wasserstoffs mit Gitterfehlern wie Leerstellen und Versetzungen Einflüsse auf die Duktilität haben.

Die Erleichterung der Versetzungsbewegung durch Wasserstoff kann verstanden werden, weil eine Blockierung der Versetzungsbewegung durch physikalische und chemische Wechselwirkungen zur Abnahme der Duktilität führt. Durch Zunahme der Konzentration der Leerstellen und Versetzungen und des Wasserstoffs im Bereich dieser Gitterfehler werden größere Wechselwirkungsmöglichkeiten zwischen Wasserstoff und Gitterfehlern angeboten, und nach der Vorstellung der Erleichterung der Versetzungsbewegung durch physikalische Wechselwirkung mit Wasserstoffatomen (Kap.2.3.3.2.2) kann die Duktilität bei den stärker verformten Proben zunehmen.

Bei anderen Versuchen (Bild 29) stellte es sich heraus, daß auch ohne Leerstellen die Duktilität bei stärker vorverformten Proben bis zu einem bestimmten Grad der Vorverformung größer ist als bei weniger vorverformten. Eine mögliche Wechselwirkung des Wasserstoffs mit Leerstellen und der Lerrstellen mit Versetzungen bei der Anwesenheit von Wasserstoff kann also keinen Einfluß auf die Duktilität ausüben. Aus der Schlußfolgerung, daß die Leerstellen das Haupthindernis für den Wasserstofftransport in der Probe darstellen, ist anzunehmen, daß größere Mengen von Wasserstoff in und um Leerstellen angesammelt werden. Dies führt zu der Überlegung, daß die Wasserstoffkonzentrierung an Leerstellen für die Erklärung der Duktilitätszunahme bei stärker vorverformten Proben nicht sinnvoll ist.

Eine andere Möglichkeit für die Erklärung der größeren Duktilität und stärkeren Vorverformung wäre die größere Wasserstoffdiffusionsfähigkeit zu der Hohlraumspitze während des Zugversuchs bei den weniger vorverformten Proben wegen der kleineren Anfangskonzentrationen der Leerstellen und Versetzungen. Diese Möglichkeit erscheint jedoch aus folgenden Gründen unwahrscheinlich: Ein möglicherweise dadurch entstandener Unterschied der Wasserstoffkonzentration vor der Hohlraumspitze zwischen beiden Probenserien ist sehr klein, weil die Triebkraft für die Wasserstoffdiffusion zur Hohlraumspitze sehr groß ist, der Unterschied der Vorverformungen gering ist und neue Leerstellen und Versetzungen während des Zugversuchs entstehen.

Unter den Wechselwirkungen des Wasserstoffs mit Gitterfehlern ist also die Erleichterung der Versetzungsbewegung durch Wasserstoff die richtige Erklärung für die größere Duktilität bei den stärker vorverformten Proben.

Bei den Auslagerungszeiten bis zum Duktilitätsmaximum sind die Wasserstoffverteilungen der unterschiedlich vorverformten Proben etwa gleich, wie die ähnlich großen Einschnürungswerte zeigen. Bei längeren Auslagerungszeiten verhalten sich jedoch die Wasserstoffkonzentrationen vor der Hohlraumspitze hauptsächlich wegen der unterschiedlichen Leerstellenkonzentrationen stärker unterschiedlich. Bei den weniger vorverformten Proben kann Wasserstoff schneller zum Hohlraum diffundieren, wodurch eine frühere Erniedrigung der Wasserstoffkonzentration vor der Hohlraumspitze als bei stärker vorverformten Proben zu erwarten ist, nachdem die Wasserstoffkonzentration vor der Hohlraumspitze nach Beginn der Auslagerung schnell abgesunken ist (vgl. auch Bild 5α). Die Unterschiede in den Wasserstoffkonzentrationen vor der Hohlraumspitze und damit auch die Brucheinschnürung werden größer.

4.3.1.2 Ergebnisse bei Vorverformungen von Ψ_V = 6 % und 1o %

Die Kurven für die Brucheinschnürung sind bei den Vorverformungen von 6% (VV6) und auch 1o% (VV1o) ähnlich wie bei den Vorverformungen von 1,5% und 3%, liegen jedoch deutlich niedriger. Ein Vergleich der beiden Kurven VV6 und VV1o (Bild 23) läßt einige Unterschiede im Gegensatz zu den Kurven VV1,5 und VV3 erkennen. Bis zu etwa zweistündiger Auslagerung ist im Gegensatz zu den Versuchsergebnissen bei den Vorverformungen von 1,5% und 3% (Bild 22) die Duktilität bei den stärker vorverformten Proben (Ψ_V = 1o%) kleiner als bei den weniger stark vorverformten (Ψ_V = 6%). Dies ist eigentlich zu erwarten, wenn der duktilitätserniedrigende Effekt des Hohlraums den duktilitätserhöhenden Effekt der Versetzung übersteigt. Bei Bruchflächenaufnahmen mit dem Rasterelektronenmikroskop (Bild 42) an Proben mit 1o% Vorverformung wurden Fischaugen in der Größe von 1 bis 1o μm beobachtet, die sich um einen Kern (meistens ein Titannitrid-Einschluß) ausbreiten. Auch daraus ist zu schließen, daß den Kurvenverlauf der Versuche nach Vorverformung die Hohlräume bestimmen, die durch Versetzungsaufstauung an Einschlüssen oder auf andere Weise während der Vorverformung entstehen.

4.3.2 Bestätigung der Troiano-Theorie mit Hilfe der Bestimmung der Aktivierungsenergie und des langsamsten Schrittes für den Wasserstofftransport

Die Versuchsergebnisse, daß die gemessenen Werte der Aktivierungsenergien den Literaturwerten für die der Gitterdiffusion von Wasserstoff in Stahl entsprechen, der Wasserstoffübergang vom Hohlraum zum Gitterbereich (Absorption) der langsamste Schritt (Kap. 4.2.2) und die Gitterdiffusion langsamer als der Wasserstoffübergang vom Gitterbereich zum Hohlraum (Kap. 4.2.1.2) ist, können zum Beweis der Troiano-Theorie herangezogen werden.

In den beladenen Proben sind sowohl Wasserstoffmoleküle in Hohlräumen als auch Wasserstoffatome im Gitterbereich vorhanden. Während der Auslagerung bei 45°C, 6o°C und 8o°C (Bilder 18, 19 und 2o) werden die Wasserstoffmoleküle in Hohlräumen über die Schritte "Absorption (physikalische Adsorption, Dissoziation und Lösung) → Gitterdiffusion → Desorption" und die Wasserstoffatome im Gitter über die Schritte "Gitterdiffusion und Desorption" aus der Probe entweichen. Der Wasserstoffdruck in Hohlräumen und die Wasserstoffkonzentration im Gitter werden mit zunehmender Auslagerungszeit abnehmen, so daß die Duktilität entsprechend der Abnahme des Wasserstoffdrucks in Hohlräumen oder der Wasserstoffkonzentration im Gitter zunehmen wird, je nachdem, ob die Drucktheorie oder die Troiano-Theorie richtig ist. Nach der Drucktheorie (bzw. Adsorptionstheorie) sind die Wasserstoffmoleküle in Hohlräumen (bzw. an Hohlräumen) und nach der Troiano-Theorie die Wasserstoffatome (bzw. Protonen) im Gitter verantwortlich für die Wasserstoffversprödung.

Der Wasserstoffdruck in Hohlräumen wird durch den langsamsten der drei für den Austritt aus der Probe benötigten Schritte, nämlich durch den Wasserstoffübergang vom Hohlraum zum Gitterbereich, eingestellt, während die Wasserstoffkonzentration im Gitter durch den langsamsten der zwei für den Austritt aus der Probe benötigten Schritte, nämlich die Gitterdiffusion, bestimmt wird. Bei Gültigkeit der Drucktheorie, d.h. wenn die Duktilität mit abnehmendem Wasserstoffdruck in Hohlräumen zunimmt, sollte dann eine Aktivierungsenergie für den Wasserstoffübergang vom Hohlraum zum Gitterbereich (431,2 kJ/mol) für Dissoziation[156] gemessen werden. Bei Richtigkeit der Troiano-Theorie, d.h. wenn die Duktilität mit abnehmender Wasserstoffkonzentration im Gitter zunimmt, sollte als Aktivierungsenergie die für die Gitterdiffusion (37,7 kJ/mol) ermittelt werden.

Die gemessenen Aktivierungsenergien nehmen mit abnehmendem Wasserstoffgehalt und mit zunehmender Brucheinschnürung (von 1o bis 5o%) kontinuierlich von 29,3 bis 42,9 kJ/mol zu (Bild 2o). Sie liegen eindeutig im Bereich der Aktivierungsenergie für die Gitterdiffusion und sind weit kleiner als die für den Wasserstoffübergang vom Hohlraum zum Gitterbereich. Auch aus diesen Gründen kann geschlossen werden, daß die Troiano-Theorie die Versuchsergebnisse richtig beschreibt.

Bei dieser Überlegung war es notwendig zu wissen, daß der Wasserstoffübergang vom Hohlraum zum Gitterbereich der langsamste Schritt ist. Wenn die Gitterdiffusion der langsamste Schritt ist, werden sowohl die Wasserstoffkonzentration im Gitterbereich als auch der Wasserstoffdruck in Hohlräumen während der Auslagerung durch die Gitterdiffusion eingestellt und die Aktivierungsenergie für die Gitterdiffusion sollte gemessen werden, unabhängig davon, ob die Troiano- oder Drucktheorie (bzw. Adsorptionstheorie) richtig ist[157].

Unabhängig von den Zahlenwerten läßt allein die Tatsache, daß die Aktivierungsenergie mit abnehmender Wasserstoffkonzentration um etwa 3 kcal/mol kontinuierlich zunimmt, erkennen, daß die Bruchvorgänge durch Wechselwirkungen des Wasserstoffs im Gitter entscheidend beeinflußt werden. Die Aktivierungsenergie für die Gitterdiffusion kann mehr oder weniger je nach der Dichte der Versetzungen und Leerstellen durch die Wasserstoffkonzentration beeinflußt werden (Kap. 4.2.2). Die Aktivierungsenergie für den Wasserstoffübergang vom Hohlraum zum Gitterbereich kann von der Wasserstoffkonzentration nicht wesentlich abhängig sein. Das bedeutet wiederum, daß die Meßwerte der Aktivierungsenergie für die Gitterdiffusion entsprechen und dann die Troiano-Theorie bestätigt wird.

4.3.3 Einfluß der Temperatur

Bei den im folgenden geschilderten Versuchen wird die Brucheinschnürung in Abhängigkeit von der Temperatur bei verschiedenen Wasserstoffkonzentrationen und bei verschiedenen Vorverformungen untersucht.

In drei Serien wurden Proben 2 Stunden lang mit Wasserstoff beladen und anschließend 2 h, 2,5 h und 3 h bei 6o°C ausgelagert. Die Proben jeder Serie wurden dann bei verschiedenen Temperaturen zerrissen. Bild 24 zeigt die Auftragung der Brucheinschnürung in Abhängigkeit von der Versuchstemperatur. Alle drei Kurven haben ein Duktilitätsminimum. Die Temperaturen des Duktilitätsminimums bei den Probenserien mit den höheren Wasserstoffkonzentrationen (-85°C nach 2 h- und -58°C nach 2,5 h-Auslagerung) sind niedriger als die bei der Probenserie mit der niedrigeren Wasserstoffkonzentration (1o°C nach 3 h-Auslagerung).

In sechs Serien wurden dann Proben bei -196°C o%, 1%, 1,5%, 2,2%, 3% und 6% vorverformt, 2 Stunden lang mit Wasserstoff beladen und 3 Stunden lang bei 6o°C ausgelagert. Proben zweier Serien wurden zum Vergleich bei -196°C o% und 3% vorverformt, nicht beladen und nicht ausgelagert. Die Proben jeder Serie wurden dann bei verschiedenen Temperaturen zerrissen. Bild 25 zeigt die Brucheinschnürung in Abhängigkeit von der Prüftemperatur. Bei allen Proben außer den beiden Probenserien ohne Wasserstoffbeladung ist ein Duktilitätsminimum zu beobachten. Die Zugfestigkeit wird durch Wasserstoffbeladung nicht beeinflußt.

Als Ursache für das Auftreten des Duktilitätsminimums wurden verschiedene Gründe genannt (Kap. 2.2.1.2). Blockierung der Versetzungsbewegung durch die physikalische Wechselwirkung mit Wasserstoffatomen kann nicht in Frage kommen, weil die Wasserstoffdiffusionsgeschwindigkeit deutlich größer ist als die Versetzungsgeschwindigkeit unter normalen Versuchsbedingungen (Kap. 2.3.3.2.1), so daß eine Wechselwirkung vermutlich erst bei viel tieferen Temperaturen möglich wird: Ein Maximum der Versetzungsdämpfung durch Wasserstoff liegt bei 8o kHz im Temperaturbereich zwischen -128 und 53°C [29]. Die Duktilitätserholung mit zunehmender Temperatur kann durch Verminderung des Wasserstoffdrucks in den Hohlräumen[83], der Adsorptionsfähigkeit des Wasserstoffs[52], durch Abtransport des Wasserstoffs durch Versetzungen[82] oder durch Wasserstoffeffusion[51] erklärt werden, wobei das genaue Modell nicht bekannt ist. Die Erhöhung der Plastizität mit zunehmender Temperatur entspricht der Duktilitätserholung[84].

Die folgenden Überlegungen setzen voraus, daß die Wasserstoffkonzentration vor der Hohlraumspitze der entscheidende Faktor für den Duktilitätsverlust ist. Die Wasserstoffkonzentration vor der Hohlraumspitze ist von der maximalen lokalen Zugspannung σ_z', dem Krümmungsradius der Hohlraumspitze ρ , der Rißwachstumsgeschwindigkeit v, der Temperatur und dem chemischen Potential des Wasserstoffs abhängig, wobei diese Faktoren wieder voneinander abhängig sind. Durch die Änderung der Temperatur werden alle diese Größen einschließlich der Wasserstoffkonzentration vor der Hohlraumspitze geändert. Die Duktilitätsabnahme mit zunehmender Temperatur kann durch Erhöhung der Wasserstoffdiffusionsfähigkeit erklärt werden, wodurch eine höhere Wasserstoffkonzentration vor der Hohlraumspitze schneller erreicht wird. Während der Temperaturerhöhung nimmt aber auch die Plastizität zu, wodurch ρ größer wird, während σ_z' und v abnehmen. Diese Faktoren tragen zur Verminderung des Spannungsgefälles zwischen Hohlraumspitze und Umgebung bei: Das Gefälle des chemischen Potentials zwischen beiden Bereichen und die Wasserstoffkonzentration vor der Hohlraumspitze nehmen ab, wodurch die Duktilität zunimmt. Die Folge ist ein Duktilitätsminimum.

Das Duktilitätsminimum tritt bei den Proben mit höherer Wasserstoffkonzentration bei tieferen Temperaturen auf (Bild 24). Dieses Ergebnis ist unter der Annahme zu verstehen, daß das plastische Fließen durch die höhere Wasserstoffkonzentration erleichtert wird (Erleichterung der Versetzungsbewegung durch Wasserstoff (Kap. 2.3.3.2.2): Mit abnehmender Fließspannung nehmen ρ zu und σ_z' ab, wodurch die Wasserstoffkonzentration nahe der Hohlraumspitze abnehmen wird. Bei einer tieferen Temperatur ist die Fließspannung größer, so daß eine maximale Wasserstoffkonzentration vor der Hohlraumspitze und ein Duktilitätsminimum bei einer tieferen Temperatur auftreten. Aus dieser Überlegung ist zu vermuten, daß bei einem Werkstoff, bei dem sich die Fließspannung mit der Temperatur deutlich ändert, die Verschiebung des Duktilitätsminimums zu tieferen Temperaturen durch die Erhöhung der Restwasserstoffkonzentration kleiner sein wird. An dieser Stelle ist interessant zu erwähnen, daß die Zugfestigkeit von gekerbten Zugproben mit gleicher Wasserstoffkonzentration in Abhängigkeit von der Versuchstemperatur ein Minimum hat[95]. Diese Beobachtung deutet an, daß die Erleichterung der Versetzungsbewegung durch physikalische Wechselwirkung mit Wasserstoffatomen plausibel ist. Bei einer bestimmten Versuchstemperatur ist die Wasserstoffansammlung vor dem Kerbgrund maximal und die Fließspannung minimal.

Bei den zwei Probenserien ohne Wasserstoffbeladung (VVO) und (VV3) ist in Bild 25 erwartungsgemäß kein Duktilitätsminimum zu beobachten, ein Beweis dafür, daß das betrachtete Duktilitätsminimum durch Wasserstoff verursacht wurde. Die minimale Duktilität nimmt mit zunehmender Vorverformung von o% bis 1,5% zu, von 1,5% bis 3% stark ab und bei weiterer Steigerung der Vorverformung wieder etwas zu (Bild 25): Dieses Ergebnis wird ausführlich im Kap. 4.3.4 behandelt. Auffallend ist, daß bei den stärker zu Wasserstoffversprödung neigenden Probenserien wie VV3 der Unterschied von Duktilitätsminimum und -maximum sehr groß ist und die Duktilität sich über einen größeren Temperaturbereich kontinuierlich ändert. Die während der Vorverformung sich bildenden und vergrößernden Hohlräume sind dafür verantwortlich. Die Zahl der Hohlräume nimmt zu und die Bedingungen zur Bildung größerer Wasserstoffkonzentrationen vor der Hohlraumspitze werden günstiger. So ist es zu verstehen, daß die Duktilität auch bei sehr tiefen Temperaturen bei VV3 durch Wasserstoff erheblich abnimmt.

Die Interpretationen basieren auf der Troiano-Theorie und können die Versuchsergebnisse widerspruchsfrei beschreiben.

4.3.4 Einfluß der Vorverformung

In diesem Kapitel wird die Brucheinschnürung in Abhängigkeit von der Vorverformung untersucht.

In einer Serie wurden Proben bei -196°C unterschiedlich stark vorverformt, 2 Stunden lang mit Wasserstoff beladen und 3 Stunden lang bei 6o°C ausgelagert. Anschließend wurden die Proben bei $0^{o}C$ zerrissen. Bei einer anderen Probenserie wurde der gleiche Versuch ohne Wasserstoffbeladung durchgeführt. Bei der Probenserie mit Vorverformung bei $-196^{o}C$ und Wasserstoffbeladung zeigte sich (Bild 26), daß die Duktilität von Null bis 6% Vorverformung um etwa 13% zunimmt und dann bis etwa 1o% Vorverformung sehr stark um 25% abnimmt, um schließlich mit weiterer Zunahme der Vorverformung wieder zuzunehmen. Die erste Zunahme und die dann folgende starke Abnahme der Duktilität mit zunehmender Vorverformung wurde auch schon bei der Wiederholung der Troiano-Versuche (Kap. 4.3.1, Bild 22) und bei der Untersuchung der Temperaturabhängigkeit der Duktilität bei den Probenserien mit unterschiedlichen Vorverformungen (Kap. 4.3.3, Bild 23) gefunden. Nach der Diskussion der Ergebnisse des Kapitels 4.3.1 ist die erste Duktilitätszunahme durch die Erleichterung der Versetzungsbewegung zu verstehen, deren Ursache in der Zunahme der Versetzungsdichte mit zunehmender Vorverformung und in den zunehmenden Wechselwirkungsmöglichkeiten der Versetzungen mit Wasserstoff gesucht wird. Die anschließende starke Duktilitätsabnahme ist durch die zunehmenden Wechselwirkungsmöglichkeiten des Wasserstoffs mit Spannungsfeldern vor den Hohlraumspitzen zu verstehen, wodurch die Möglichkeiten der chemischen Bindungen des Wasserstoffs zunehmen und die Versetzungsbewegung stärker behindert wird. Die beiden Faktoren, Erleichterung der Versetzungsbewegung durch physikalische Wechselwirkung mit Wasserstoffatomen und Blockierung der Versetzungsbewegung durch chemische Wechselwirkung mit Wasserstoffatomen, konkurrieren miteinander. Mit zunehmenden Vorverformungen bis zum ersten Duktilitätsmaximum ist der Effekt der Erleichterung der Versetzungsbewegung und danach der Effekt der Blockierung stärker. Das Auftreten des zweiten Duktilitätsmaximums in Bild 26 bei der Vorverformung von etwa 2o% ist schwer zu verstehen. Entweder wird der Effekt der Hohlräume schwächer, oder ein Gegeneffekt tritt stärker in Erscheinung. Folgende Gründe könnten in Frage kommen:

1) Die Wasserstoffdiffusion zur Hohlraumspitze wird durch die zunehmende Leerstellenkonzentration behindert.

2) Während der Beladung und Auslagerung könnte sich eine kleinere Konzentration des Wasserstoffs im Gitterbereich wegen seiner Anlagerung in die in größerer Anzahl vorhandenen Leerstellen und Versetzungen bei den stärker vorverformten Proben einstellen.

3) Die erzeugte, sehr große Anzahl von Hohlräumen könnte die Wasserstoffkonzentration vor der Hohlraumspitze erniedrigen, etwa in der Weise, daß die Ausscheidung des molekularen Wasserstoffs in Hohlräumen stärker zunimmt.

Bei der Probenserie ohne Wasserstoffbeladung (Bild 26) nimmt die Duktilität erwartungsgemäß mit zunehmender Vorverformung stetig ab. Bei größeren Vorverformungen als 2o% sind keine Unterschiede bei beiden Probenserien mit und ohne Wasserstoffbeladung zu beobachten, es gibt dann keinen Wasserstoffeinfluß mehr auf die Duktilität.

Um den Einfluß der Vorverformungstemperatur zu untersuchen, wurde bei einer anderen Probenserie die Vorverformung bei RT durchgeführt. Der versprödende Effekt ist allgemein stärker als bei der Probenserie mit Vorverformung bei -196°C (Bild 26), was auf eine ungleichmäßigere Verteilung der Versetzungen und eine stärkere Hohlraumbildung schließen läßt. Die erste Duktilitätsabnahme beginnt bei kleinerer Vorverformung (Ψ_V = 1%): Der Effekt der Wechselwirkung des Wasserstoffs mit Spannungsfeldern vor den Hohlraumspitzen übersteigt den Effekt der Erleichterung der Versetzungsbewegung bei kleineren Vorverformungen. Das zweite Duktilitätsmaximum ist wenig ausgeprägt.

Um den Einfluß der Versetzungen und Leerstellen bei den Proben mit Vorverformungen bei -196°C und Wasserstoffbeladung auszuschalten, wurde bei 2 Probenserien eine erneute Wärmebehandlung (79o°C/45 min/Öl und 37o°C/6o min/Wasser) nach der Vorverformung bei -196°C zwischengeschaltet. Es ist anzunehmen, daß nach der Wärmebehandlung die Leerstellenkonzentrationen und Versetzungsdichten bei allen Proben gleich, die Hohlraumdichten aber verschieden sind. Bild 27 zeigt die Duktilität in Abhängigkeit von der Vorverformung bei den Probenserien mit und ohne Wasserstoffbeladung mit Zwischenschaltung der oben genannten Wärmebehandlung nach Vorverformung. Bei der Probenserie ohne Wasserstoffbeladung nimmt die Brucheinschnürung mit zunehmender Vorverformung stetig ab, und zwar gleichmäßiger als bei der Probenserie ohne Zwischenschaltung der Wärmebehandlung (Bild 26). Bei der Probenserie mit Wasserstoffbeladung zeigt sich ein deutlicher Einfluß des Wasserstoffs, wobei zu bemerken ist, daß die unterschiedlichen Gefüge vor und nach der Wärmebehandlung auf die unterschiedlichen Wasserstoffkonzentrationen führen können. Bei der Vorverformung von 1 bis 3% bleibt die Duktilität unverändert, von 3,5 bis 13,5% nimmt sie stark um 34% ab und danach leicht zu.

Folgende Unterschiede sind in den Kurven mit Wasserstoffbeladung zu beobachten (Bilder 26 und 27):

1) Eine Duktilitätszunahme bis zum ersten Duktilitätsmaximum ist bei der Probenserie mit Wärmebehandlung nicht zu beobachten. Dieses Ergebnis verträgt sich mit der Annahme der Erleichterung der Versetzungsbewegung gut, weil nach der Wärmebehandlung keine Unterschiede in den Versetzungsdichten bei den unterschiedlich stark vorverformten Proben vorliegen. Wenn die Versetzungsdichte gleich groß ist, sind die Wechselwirkungsmöglichkeiten des Wasserstoffs mit Versetzungen gleich groß und die Duktilität bleibt unverändert.

2) Die Duktilitätsabnahme ist im Bild 27 flacher als im Bild 26. Dieses Ergebnis läßt sich unter der Annahme verstehen, daß die während der Vorverformung gebildeten Hohlraumspitzen während der Wärmebehandlung abgestumpft werden. Das Duktilitätsminimum im Bild 27 tritt bei größerer Vorverformung auf als im Bild 26, was auch durch die Abstumpfung der Hohlraumspitzen während der Wärmebehandlung nach der Vorverformung zu verstehen ist.

3) Das zweite Duktilitätsmaximum tritt auch im Bild 27 auf, obwohl es nicht sehr ausgeprägt ist. Der Unterschied $\Delta\Psi_B = 16\%$ der beiden zweiten Duktilitätsmaxima in Bild 26 und 27 läßt vermuten, daß er durch das Verschwinden der Leerstellen und Versetzungen durch die Wärmebehandlung verursacht wird. Als mögliche Ursache dieser Verminderung ist die Abnahme der Behinderung der Wasserstoffdiffusion zur Hohlraumspitze durch die zunehmende Leerstellenkonzentration (Grund 1 auf Seite 52) zu nennen.

Um den Einfluß der möglichen Einstellung verschiedener Wasserstoffkonzentrationen im Gitterbereich durch die unterschiedlichen Gitterfehlerkonzentrationen der unterschiedlich stark vorverformten Proben nach der Auslagerung auf die Duktilität zu prüfen, wurden in einer Serie Proben 3o Minuten lang mit Wasserstoff beladen, mit Cadmium plattiert, 5 Stunden lang bei 6o°C homogenisiert, bei -196°C stark vorverformt und bei 0°C zerrissen. Im Bild 28 ist die Brucheinschnürung in Abhängigkeit von der Vorverformung aufgetragen. Der Kurvenverlauf läßt keinen grundsätzlichen Unterschied im Vergleich zum Bild 26 erkennen. Das bedeutet, daß eine mögliche Einstellung verschiedener Wasserstoffkonzentrationen bei unterschiedlich stark vorverformten Proben keine Erklärung für das Auftreten des zweiten Duktilitätsmaximums liefern kann, weil in dieser Probenserie auch nach der Auslagerung die Wasserstoffkonzentration im Gitterbereich aller Proben noch gleich sein soll, da die Proben mit Cadmium plattiert wurden. Das zweite Maximum kann nicht mehr durch die Anlagerung des Wasserstoffs in Leerstellen und Versetzungen (Grund 2 auf Seite 52) oder durch die Ausscheidung molekularen Wasserstoffs in Hohlräumen (Grund 3 auf Seite 53) erklärt werden, da unmittelbar nach der Vorverformung bei -196°C die Proben zerrissen werden.

Um den Effekt der Leerstellen auf den Kurvenverlauf zu untersuchen, wurde bei einer Probenserie ein 2o-stündiges Anlassen bei 2oo°C nach der Vorverformung bei -196°C zwischengeschaltet. Nach dem Anlassen wurden Proben 2 Stunden lang mit Wasserstoff beladen, 3 Stunden lang bei 6o°C ausgelagert und anschließend bei 0°C zerrissen. Im Bild 29 ist die Brucheinschnürung in Abhängigkeit von der Vorverformung für diese Probenserie aufgetragen. Die Duktilitätszunahme im ersten Duktilitätsmaximum ist noch stärker und erfolgt bei kleineren Vorverformungen (Ψ_V = 1,5%) als bei der Kurve für die Probenserie ohne Zwischenglühen (Bild 26). Der Bereich der ersten Duktilitätsabnahme ist wesentlich breiter und flacher als bei der Kurve ohne Zwischenglühung (Bild 26), aber enger und steiler als bei der Kurve mit Zwischenglühung (Bild 27). Das zweite Duktilitätsmaximum ist deutlich weniger ausgeprägt. Aus dem ausgeprägteren ersten Duktilitätsmaximum und dem deutlich weniger ausgeprägten zweiten Duktilitätsmaximum ist zu schließen, daß Versetzungen für das erste Duktilitätsmaximum und Leerstellen für das zweite Duktilitätsmaximum im Bild 26 verantwortlich sind, weil während des Anlassens bei 2oo°C nur Leerstellen ausheilen. Für das Auftreten des zweiten Duktilitätsmaximums spielen vermutlich die

Leerstellen eine wichtige Rolle (Grund 1 auf Seite 52).

Alle Kurvenverläufe bei den Serien der Proben mit Wasserstoffbeladung in diesem Kapitel haben ein gemeinsames Merkmal, nämlich einen Bereich der starken Abnahme der Duktilität mit zunehmender Vorverformung. Das beste Beispiel ist die Kurve im Bild 27, weil alle unterschiedlich vorverformten Proben nach der Wärmebehandlung eigentlich gleiche Duktilität haben sollten. Mit Hilfe der Drucktheorie oder der Adsorptionstheorie ist diese ausgeprägte Duktilitätsabnahme nicht erklärbar. Bei den stärker vorverformten Proben sind die Hohlräume zahlreicher und größer, so daß sich ein kleinerer Wasserstoffdruck in den Hohlräumen einstellen wird und nach der Drucktheorie bzw. nach der Adsorptionstheorie die Duktilität zunehmen müßte. Nach der Troiano-Theorie ist der Wasserstoff vor der Hohlraumspitze im Gitterbereich verantwortlich für die Wasserstoffversprödung. Mit zunehmender Anzahl und Größe der Hohlräume wird danach auch Anzahl und Größe der wasserstoffinduzierten Risse vor der Hohlraumspitze zunehmen und die Duktilität entsprechend abnehmen. Die Troiano-Theorie beschreibt also die Versuchsergebnisse widerspruchsfrei.

4.3.5 Einfluß der Wärmebehandlung

Das Gefüge verändert sich durch die verschiedenen Wärmebehandlungen. In diesem Kapitel wird die Duktilität in Abhängigkeit von den Gefügeänderungen bei den verschiedenen Wärmebehandlungen untersucht.

In zwei Serien wurden zunächst Proben bis $\Psi_V = 3\%$ bei $-196^{\circ}C$ vorverformt und bei unterschiedlichen Temperaturen zwischen 15o und $7oo^{\circ}C$ 2 Stunden lang geglüht und anschließend an Luft abgekühlt. Danach wurde eine Probenserie 3o min lang mit Wasserstoff beladen, mit Cadmium plattiert, 15o min lang bei $6o^{\circ}C$ ausgelagert und anschließend bei RT zerrissen. Die andere Probenserie wurde nach der Glühbehandlung ohne Wasserstoffbeladung bei RT zerrissen. Bild 3o zeigt die Brucheinschnürung in Abhängigkeit von der Glühtemperatur bei den Probenserien mit und ohne Wasserstoffbeladung. Bei der Probenserie ohne Wasserstoffbeladung ist bis zur Glühtemperatur von etwa 45o°C keine Änderung der Duktilität (Ψ_B = 5o%) zu beobachten. Bei einer Glühtemperatur von 6oo°C tritt dann ein Duktilitätsmaximum (Ψ_B = 65%) auf; eine deutliche Duktilitätsabnahme wird mit zunehmender Glühtemperatur zwischen 6oo und 7oo°C (Ψ_B = 5o%) festgestellt. Bei der Probenserie mit Wasserstoffbeladung liegt die Duktilität über den ganzen Bereich der Glühtemperatur deutlich niedriger als bei der ohne Wasserstoffbeladung; zunächst bleibt sie bis zur Glühtemperatur von 4oo°C unverändert (Ψ_B = 15%), nimmt dann schnell bis zur Glühtemperatur von 55o°C zu (Ψ_B = 46%) und sinkt wieder bei höheren Glühtemperaturen bis etwa 7oo°C schnell ab (Ψ_B = 15%).

Der grundsätzliche Unterschied der beiden Kurven im Bild 3o liegt darin, daß einmal der Grad der Duktilitätserholung bei der Probenserie mit Wasserstoffbeladung deutlich größer ist als bei der ohne Beladung und daß zum anderen die Duktilitätserholung und das Duktilitätsmaximum bei um etwa 5o°C niedrigeren Glühtemperaturen einsetzen. Bei der Rekristallisationsglühung um 55o und 6oo°C werden Leerstellen, Versetzungen und innere Spannungen abgebaut und neue Körner erzeugt. Für eine Veränderung der Wasserstoffversprödung scheinen die Entfestigung und die Abstumpfung der Hohlraumspitze durch Versetzungsausheilung oder durch Verringerung der Oberflächenenergie von großer Bedeutung zu sein. Das Ergebnis, daß bei Glühtemperaturen über 55o°C die Duktilität wieder stark abnimmt, ist zunächst überraschend, weil eine Verschärfung der Hohlraumspitze und Verfestigung nicht zu erwarten sind. Die Streckgrenze beider Probenserien verläuft ähnlich wie die Zugfestigkeit. Es ist interessant zu beobachten, daß bei den Glühtemperaturen zwischen 35o und 6oo°C eine ausgeprägte Streckgrenze auftritt (Bild 31), was bedeutet, daß sich die Kohlenstoff- oder Stickstoffatome beim Glühen in Lösung befinden und die Versetzungen beim Abkühlen blockieren. Die Tatsache, daß bei den höheren Glühtemperaturen (über 6oo°C) keine ausgeprägte Streckgrenze mehr auftritt, läßt vermuten, daß die gelösten Kohlenstoff- oder Stickstoffatome sich mit anderen Elementen chemisch binden (Karbid- oder Nitridbildung) und nicht in Wechselwirkung mit Versetzungen treten. Solche Ausscheidungsbildungen können als Ursache für die starke Duktilitätsabnahme bei Glühtemperaturen über 6oo°C angesehen werden. Die Kerbwirkung der Einschlußspitzen führt zusammen mit den Spannungen und dem eindiffundierten Wasserstoff vor der Hohlraumspitze zu einer Verminderung der Duktilität.

Die Verschiebung des Duktilitätsmaximums um etwa 5o° zu niedrigeren Temperaturen bei der Probenserie mit Wasserstoffbeladung kann ein Indikator dafür sein, daß Verfestigung und Entfestigung für die Erklärung des Versuchsergebnisses nicht geeignet sind. Daß die Minima der Zugfestigkeit beider Probenserien bei der Glühtemperatur von 6oo°C auftreten (Bild 32), zeigt, daß die Proben mit und ohne Wasserstoffbeladung nach dieser Glühbehandlung am weichsten sind. Das Duktilitätsmaximum der Probenserie mit Wasserstoffbeladung tritt aber bei einer niedrigeren Glühtemperatur von 55o°C und bei der Probenserie ohne Wasserstoffbeladung bei 6oo°C auf. Das bedeutet, daß nicht unbedingt die Festigkeit des Materials für die Wasserstoffversprödung relevant ist. Die oben diskutierten Mikroausscheidungen während der Glühung können eine Erklärung dafür geben, wenn sie bei der Glühtemperatur von 6oo°C noch keinen Einfluß auf die Festigkeit, wohl abereinen positiven Einfluß auf die Rißausbreitung beim Wasserstoffeinwirken ausüben. Die Zugfestigkeit nimmt erstmals bei der Glühtemperatur von 3oo°C, dann bei 5oo°C nochmals ab, um ab 6oo°C wieder zuzunehmen (Bild 32). Die erste Abnahme bei 3oo°C und die Zunahme bei 6oo°C sind bei normalen Stählen nicht zu finden. Es ist auch interessant, daß die erste Abnahme der Zugfestigkeit und die erste ausgeprägte Streckgrenze bei etwa den gleichen Glühtemperaturen auftreten.

<u>Eine Untersuchung über den Einfluß der Wärmebehandlung auf die Temperaturabhängigkeit der Duktilität</u> kann Informationen darüber geben, in welchem Zustand Hohlräume für die Wasserstoffversprödung aktiv werden. Dazu wurden in drei Serien Proben bis Ψ_V = 3% bei -196°C vorverformt, 2 Stunden lang jeweils bei 25o°C, 55o°C und 7oo°C geglüht und anschließend in Luft abgekühlt. Danach wurden alle Proben 3o min lang mit Wasserstoff beladen, mit Cadmium plattiert und 15o min lang bei 6o°C ausgelagert. Die Proben jeder Serie wurden dann bei unterschiedlichen Temperaturen zerrissen. Bild 33 zeigt die Brucheinschnürung in Abhängigkeit von der Versuchstemperatur. Die Kurven der Proben mit den Glühbehandlungen bei 25o°C und 7oo°C sind zum großen Teil gleich

und haben ein deutliches Duktilitätsminimum bei etwa 0 °C, während die Duktilität bei der Probenserie mit der Glühbehandlung bei 55o °C über den ganzen Bereich der Versuchstemperatur deutlich größer ist und kein Minimum hat.

Das Duktilitätsminimum wurde unter der Annahme des Wechselspiels von Wasserstoff mit Hohlräumen, d.h. der Wechselwirkung des Wasserstoffs mit Spannungsfeldern vor der Hohlraumspitze erklärt (Kap. 4.3.3). Weil Hohlräume durch das Glühen bei 55o °C zum großen Teil nicht ausgeheilt werden, kann die Abwesenheit des Duktilitätsminimums bei dieser Temperatur durch die Abstumpfung der Hohlraumspitze oder durch die Entfestigung verstanden werden. Die Verringerung der Brucheinschnürung der bei 55o °C geglühten Proben um 1o% im Vergleich zu den Proben ohne Wasserstoffbeladung (Bild 3o) läßt vermuten, daß dieses Wechselspiel von Wasserstoff und Hohlräumen zwar existiert, aber zu schwach ist, so daß kein Duktilitätsminimum auftritt. Trotz der zunehmenden Abstumpfung der Hohlraumspitze bei der Glühung von 7oo °C nimmt der Wasserstoffeinfluß auf die Sprödigkeit durch eine Strukturänderung (Verfestigung) oder durch eine Ausscheidungsbildung zu.

Ob die Abstumpfung der Hohlraumspitze für das Verschwinden des Duktilitätsminimums bei der Wärmebehandlungstemperatur von 55o °C verantwortlich ist, ist an Hand der Versuchsergebnisse in den Bildern 3o und 32 zu beantworten. Die Zugfestigkeit ist bei beiden Probenserien mit und ohne Wasserstoffbeladung bei der Wärmebehandlungstemperatur von 6oo °C minimal (Bild 32). Das Duktilitätsmaximum tritt bei der Probenserie ohne Wasserstoffbeladung bei 6oo °C, aber bei der Probenserie mit Wasserstoffbeladung bei 55o °C auf. Das bedeutet, daß die Festigkeit nicht unbedingt ein Maß für die Duktilität beim Wasserstoffeinwirken zu sein braucht. Die Abstumpfung der Hohlraumspitze scheint dabei eine wichtigere Rolle gespielt zu haben.

<u>Eine Untersuchung über den Einfluß der Vorverformung auf die Abhängigkeit der Duktilität von der Glühbehandlung</u> kann Informationen über das Wechselspiel zwischen Wasserstoff und Spannungsfeldern vor der Hohlraumspitze geben und einen weiteren Beweis für die Richtigkeit der Troiano-Theorie liefern.

In vier Serien (3 Proben pro Serie) wurden Proben unterschiedlich stark (Ψ_V = 0%, 6%, 1o% und 2o%) bei -196°C vorverformt, die Proben dann bei 3 unterschiedlichen Temperaturen (25o°C, 55o°C und 7oo°C) zwei Stunden lang geglüht und anschließend in Luft abgekühlt. Alle Proben wurden dann 3o min mit Wasserstoff beladen, mit Cadmium plattiert, drei Stunden lang bei 6o°C ausgelagert und anschließend bei RT zerrissen. Die Meßergebnisse sind im Bild 34 dargestellt. Bei allen Probenserien sind starke Duktilitätsmaxima zu beobachten. Der Effekt ist besonders bei der Probenserie mit der stärksten Vorverformung (Ψ_V = 2o%) sehr deutlich. Im Vergleich zu den Proben in den Bildern 3o und 33 ist die Wasserstoffkonzentration der in diesen Versuchsserien verwendeten Proben wegen der um 3o min verlängerten Auslagerungszeit kleiner, was nötig war, um den Einfluß der Vorverformung zu verdeutlichen.

Die Differenz der Brucheinschnürung der bei 25o°C geglühten Proben mit 0% und 2o% Vorverformung ist mit 37% deutlich größer als die der bei 55o°C und 77o°C geglühten Proben mit rund 18%. Zur Deutung wird zunächst nur der Hohlraumeffekt bezüglich der Duktilität betrachtet. Durch die Vorverformungen werden unterschiedliche Hohlraumdichten und -größen hergestellt, und der Hohlraumeffekt vergrößert sich mit zunehmender Vorverformung. Durch das Glühen bei 25o°C bleiben die Hohlräume unverändert, während das Glühen bei 55o°C und 7oo°C die Hohlraumspitzen beträchtlich abstumpft. Der positive Einfluß der Abstumpfung der Hohlraumspitzen auf die Duktilität bei stärker vorverformten Proben ist größer als bei den weniger vorverformten: $\Delta\Psi_{B,25o} > \Delta\Psi_{B,55o} \simeq \Delta\Psi_{B,7oo}$. Die Brucheinschnürungen von den bei 7oo°C geglühten Proben sind deutlich kleiner als die der bei 55o°C geglühten: Die Kerbwirkung der neuen Ausscheidungen tritt stark in Erscheinung, während der Einfluß der aus der Vorverformung stammenden Hohlräume im Vergleich zur Glühbehandlung bei 55o°C etwa unverändert bleibt ($\Delta\Psi_{B,55o} \simeq \Delta\Psi_{B,7oo}$). Der Effekt der durch das Glühen bei 7oo°C erzeugten Ausscheidungen sollte bei allen Proben mit unterschiedlich starken Vorverformungen gleich sein, weil Menge, Größe und Schärfe der Ausscheidungen bei gleicher Glühtemperatur gleich sind.

Außerdem ist interessant zu beobachten, daß bei den weniger vorverformten Proben (z.B. 0% Vorverformung) die Brucheinschnürung der Proben mit Glühbehandlung bei 25o°C etwa gleich der der Proben mit Glühbehandlung bei 7oo°C ist, während bei stärker vorverformten Proben (z.B. 1o% oder 2o% Vorverformung) die Brucheinschnürung nach der Glühbehandlung bei 25o°C deutlich kleiner ist als die nach der Glühbehandlung bei 7oo°C ($\Delta\Psi_B$ = 18%). Dies ist ein Beweis dafür, daß der Einfluß der durch Vorverformung verursachten Hohlräume für die Wasserstoffversprödung stärker ist als der der durch Glühen bei 7oo°C verursachten Ausscheidungen.

Die Versuchsergebnisse im Bild 34 erlauben auch eine Aussage bezüglich des Effektes der Gitterfehler wie Versetzungen und Leerstellen. Nach dem Glühen bei 25o°C sind Leerstellen und nach dem bei 55o und 7oo°C Leerstellen und Versetzungen ausgeheilt. Bei den unterschiedlich stark vorverformten und bei 25o°C geglühten Proben sind keine Leerstellen mehr vorhanden und auch große Differenzen der Duktilität zu beobachten, was zu der Folgerung führt, daß die Leerstellen keinen Einfluß auf die Duktilitätsdifferenzen ausüben. Bei unterschiedlich stark vorverformten und bei 55o und 7oo°C geglühten Proben sind weder Leerstellen noch Versetzungen vorhanden, was zu der Folgerung führt, daß Leerstellen und Versetzungen keinen Einfluß auf die hier beobachteten Duktilitätsdifferenzen haben. Anhand der Versuchsergebnisse in den Kapiteln 4.3.1.2, 4.3.3 und 4.3.4 wurde der die Duktilität erhöhende Einfluß der Versetzungen durch Wechselwirkung von Wasserstoff und Versetzungen diskutiert. Wenn der Effekt der Abstumpfung der Hohlraumspitzen beim Glühen bei 55o oder 7oo°C nicht existieren würde, dann sollte $\Delta\Psi_{B,25o} \leqslant \Delta\Psi_{B,55o} \simeq \Delta\Psi_{B,7oo}$ gelten, weil bei der stärker vorverformten Probe die Versetzungsdichte und die Duktilität größer sein würde: Das ist nicht der Fall, die Wirkung der Versetzungen ist also nicht entscheidend. Aus diesen Überlegungen ist zu folgern, daß ausschließlich der Hohlraumeffekt die Versuchsergebnisse richtig beschreibt, nicht aber die Wirkung von Leerstellen oder Versetzungen, wobei die Effekte der während des Zugversuchs entstehenden Leerstellen, Versetzungen und Hohlräume nicht in Betracht gezogen wurden, da angenommen werden kann, daß sie von den Vorbehandlungen unabhängig sind.

Eine Betrachtung der Verteilung der Wasserstoffkonzentration während der dreistündigen Homogenisierungsauslagerung bei 6o°C könnte einen erneuten Beweis für die Richtigkeit der Troiano-Theorie liefern. Bei den Proben mit Glühbehandlungen bei 55o°C oder 7oo°C ist die Duktilität der stärker vorverformten Proben im Vergleich zu den weniger stark vorverformten kleiner. So beträgt zum Beispiel der Duktilitätsunterschied zwischen beiden Proben mit Null- und 2o%-Vorverformung etwa 2o%. Unter der Annahme, daß während der dreistündigen Homogenisierungsauslagerung die Wasserstoffpermeation durch die Cadmiumschicht an der Probenoberfläche bei allen Proben gleich ist und der Gleichgewichtszustand zwischen Wasserstoffatomen im Gitterbereich und Wasserstoffmolekülen in Hohlräumen erreicht wird, kann geschlossen werden, daß der Wasserstoffdruck in Hohlräumen der stärker vorverformten Proben kleiner ist als der in Hohlräumen der weniger stark vorverformten. Nach der Drucktheorie sollte also die Duktilität der stärker vorverformten Proben größer sein; ein Widerspruch zu den Versuchsergebnissen. Der geometrische Einfluß um $\Delta\Psi_B$ = 9% (Bild 27) wurde bei der Betrachtung mitberücksichtigt.

Die Versuchsergebnisse lassen auch erkennen, daß die Anfangswasserstoffkonzentration im Gitterbereich nicht unbedingt ein Maß für die Wasserstoffversprödung ist. Bei der stärker vorverformten Probe ist die Wasserstoffkonzentration im Gleichgewichtszustand auch im Gitterbereich wegen der größeren Hohlraumdichte kleiner. Wenn die Duktilität nur von der Anfangswasserstoffkonzentration im Gitterbereich abhängig sein sollte, dann sollte die Duktilität bei der stärker vorverformten Probe größer sein, was aber mit den Versuchsergebnissen nicht übereinstimmt. Eine Anreicherung des gelösten Wasserstoffs vor der Hohlraumspitze während des Versuchs ist notwendig, um die Versuchsergebnisse erklären zu können. Durch die zunehmende Anzahl und Größe der Hohlräume mit zunehmender Vorverformung nimmt die Anzahl der Zonen der Wasserstoffanreicherung in diesen Zonen zu, wodurch die Duktilität abnimmt. Die Wasserstoffkonzentration vor der Hohlraumspitze während des Versuchs ist also maßgebend für die Wasserstoffversprödung.

4.3.6 Untersuchung der Bruchfläche

4.3.6.1 Lage der Bruchfläche

Es wurde oft beobachtet, daß bei den Proben mit starker Vorverformung und Wasserstoffbeladung die Bruchfläche nicht mehr in der Einschnürungszone liegt. Diese Erscheinung wurde bei den Proben ohne Wasserstoffbeladung nicht gefunden und läßt erhoffen, einen Beitrag zur Aufklärung des Mechanismus der Wasserstoffversprödung zu leisten.

Zur statistischen Ermittlung dieser Erscheinung wurden 5 Proben bis Ψ_V = 24% bei -196°C vorverformt (Bild 35), 2 Stunden lang mit Wasserstoff beladen und anschließend bei RT zerrissen (Bild 36). Alle 5 Proben brachen im elastischen Bereich, aber nicht im kleinsten Querschnitt, sondern in einem deutlich größeren. Im kleinsten Querschnitt herrscht die größte Spannung und der Bruch sollte an dieser Stelle entstehen. Das Versuchsergebnis zeigt aber, daß der kleinste Querschnitt eine größere Kraft aufnehmen kann als der größere und die Rißausbreitung im größeren Querschnitt leichter erfolgt. In dem kleinsten Querschnitt ist die plastische Verformung und Konzentration der Gitterfehler (Leerstellen, Versetzungen und Hohlräume) am größten.Aus der Tatsache, daß das Material durch die Vorverformung eine unterschiedliche Verteilung dieser Gitterfehler erhalten hat, ist zu schließen, daß diese Gitterfehler verantwortlich für das Versuchsergebnis sind. Der verantwortliche Gitterfehler ist durch Eliminieren von Leerstellen sowie von Leerstellen <u>und</u> Versetzungen herauszufinden. Das Eliminieren der Leerstellen allein kann durch Wärmebehandlung bei 2oo°C und das von Leerstellen <u>und</u> Versetzungen durch Wärmebehandlung bei 79o°C mit anschließendem Anlassen bei 37o°C erreicht werden.

Dazu wurden zunächst 5 Proben wie oben vorverformt, 2o Stunden lang bei 2oo°C angelassen, 2 Stunden lang mit Wasserstoff beladen und anschließend bei RT zerrissen. Alle Proben brachen wiederum außerhalb des kleinsten Querschnitts (Bild 37). Die Leerstellen sind also für die Verschiebung der Bruchfläche in den größeren Querschnitt nicht verantwortlich.

Um auch die Versetzungen auszuheilen, wurden 5 Proben wie oben vorverformt, danach bei 79o°C/45 min/Öl und 37o°C/6o min/Wasser wärmebehandelt, 2 Stunden lang mit Wasserstoff beladen und anschließend bei RT zerrissen. Alle Proben brachen im kleinsten Querschnitt (Bild 38). Durch die Wärmebehandlung nach der Vorverformung werden Leerstellen und Versetzungen in der ganzen Probe ausgeheilt, während Hohlraumdichte und -größe unterschiedlich verteilt sind. Aus dem Ergebnis ist zu schließen, daß die Versetzungen für die Verschiebung der Bruchfläche verantwortlich sind, aber nicht Hohlräume, weil die unterschiedliche Verteilung der Hohlraumdichte um die Einschnürungszone selbst nach dieser Wärmebehandlung noch existiert. Die unterschiedliche Verteilung der Versetzungsdichte um die Einschnürungszone ist also verantwortlich für die Verschiebung der Bruchfläche von der Einschnürungszone.

Diese Feststellung ist durch die Annahme zu verstehen, daß die mikroskopische Versetzungsbewegung durch die Wechselwirkung mit Wasserstoff erleichtert wird. Es ist dann vorstellbar, daß die Spannungskonzentration und die Wasserstoffkonzentration in der plastischen Zone vor der Hohlraumspitze unter Last an dem kleinen Querschnitt kleiner ist als an dem größeren, weil die Wechselwirkungsmöglichkeit von Wasserstoff und Versetzungen in dem kleinsten Querschnitt größer und die Spannung leichter abzubauen ist, d.h. die kritische Kombination von Spannung und Wasserstoffkonzentration vor der Hohlraumspitze für die Rißausbreitung wird in dem größeren Querschnitt früher erreicht als in dem kleineren.

An dieser Stelle ist der Hinweis interessant, daß Proben mit Vorverformung um Ψ_V = 1o% und Beladung (2h) mit plastischer Verformung brachen, während andere mit geringerer Vorverformung (Ψ_V = o% und 3%) und Beladung (2h) im elastischen Bereich brachen (Bild 11). Die Bruchfläche lag dann aber im kleinsten Querschnitt.

Die Vorstellung, daß nur die unterschiedliche Verteilung der Versetzungsdichte um die Einschnürungszone die Verschiebung der Bruchfläche aus dem Minimumquerschnitt richtig erklären kann, ist gut mit der Troiano-Theorie zu verbinden, weil Versetzungen im Gitterbereich existieren und nach der Troiano-

Theorie der Wasserstoff im Gitterbereich verantwortlich für die Wasserstoffversprödung ist. Nach der Drucktheorie bzw. Adsorptionstheorie sollte der Wasserstoffdruck in den Hohlräumen in dickeren Probenquerschnitten größer sein als in dünneren, dieser größere Wasserstoffdruck die Hohlraumausbreitung begünstigen und damit die Bruchfläche zum größeren Probenquerschnitt hin verschieben. Bei den Proben mit der Wärmebehandlung bei 79o°C findet man jedoch den Bruch im kleinsten Querschnitt (Bild 38), obwohl die Hohlraumdichte über den Probenquerschnitt weiterhin unterschiedlich verteilt bleibt. Das bedeutet, daß eine Erklärung nach der Drucktheorie nicht möglich ist.

4.3.6.2 Aussehen der Bruchfläche

Das Aussehen der Bruchfläche kann wegen der unterschiedlichen Form der Rißausbreitung bei den verschiedenen Versuchsbedingungen verschieden sein und weitere Informationen über den Mechanismus der Wasserstoffversprödung geben. Die Bruchfläche der Proben ohne und mit Wasserstoffbeladung wurden mit einem Rasterelektronenmikroskop untersucht und miteinander verglichen, wobei bei den Proben mit Wasserstoffbeladung Vorverformung und Wärmebehandlungstemperatur variiert werden.

Die folgenden Bilder zeigen Bruchflächen, die nach verschiedenen Vorverformungen entstanden sind. Zunächst wurde eine Probe bis Ψ_V = 1o% bei -196°C vorverformt und ohne Wasserstoffbeladung bei 0°C zerrissen (Bild 39). Dann wurden vier Proben jeweils bis Ψ_V = 0% (Bild 4o), Ψ_V = 6% (Bild 41), Ψ_V = 1o% (Bild 42) und Ψ_V = 2o% (Bild 43) bei -196°C vorverformt, 2 Stunden lang mit Wasserstoff beladen, 3 Stunden lang bei 6o°C ausgelagert und anschließend bei 0°C zerrissen. Bei den Proben mit Wasserstoffbeladung außer der Probe mit Vorverformung von Ψ_V = 2o% sind "Fischaugen" zu beobachten. Die Anzahl der Fischaugen nimmt mit zunehmender Vorverformung zu und die Größe der Fischaugen ab, wobei die Duktilität von Ψ_V = 0% bis Ψ_V = 6% leicht zu-, von Ψ_V = 6% bis Ψ_V = 1o% stark ab- und ab Ψ_V = 1o% wieder leicht zunimmt (Bild 26). Ein großes Fischauge mit etwa 1 mm Durchmesser bei der Probe ohne Vorverformung und mit 2o-stündiger Wärmebehandlung bei 2oo°C ist besonders aufgefallen (Bild 44). Auf den Bruchflächen sowohl bei der Probe ohne Vorverformung und mit 2-stündiger Beladung als auch bei der Probe mit Vorverformung von Ψ_V = 24%, Wärmebehandlung (79o°C/45 min/Öl, 37o°C/6o min/Wasser) und zweistündiger Beladung war kein Fischauge zu beobachten. Bei allen Fischaugen beginnt die Materialtrennung an einem Zentrum (meist Titannitrid, Bild 45) und weitet sich senkrecht zur Zugspannung kreisförmig aus.

Um den Einfluß der Wärmebehandlungstemperatur auf die Ausbildungsform des Fischauges zu untersuchen, wurden drei Proben bis Ψ_V = 6% bei -196°C vorverformt, jeweils bei 25o°C, 55o°C und 7oo°C zwei Stunden lang geglüht, 3o min lang mit Wasserstoff beladen, mit Cadmium plattiert, drei Stunden lang bei 6o°C ausgelagert und anschließend bei RT zerrissen. Die Bilder 46, 47 und 48 zeigen die Bruchflächen der Proben. Die Bruchflächen der bei 25o°C und 7oo°C geglühten Proben zeigen ein ähnliches Aussehen wie die im Bild 42; deutlich sind Fischaugen und Spaltbruchflächen aus Einschlüssen zu erkennen. Die Bruchfläche der bei 7oo°C geglühten Probe scheint dabei etwas matter zu sein. Die Bruchfläche der bei 55o°C geglühten Probe zeigt aber deutliche Unterschiede im Vergleich zu den anderen Proben. Fischaugen sind zwar deutlich zu erkennen, aber die Bruchfläche um den Fischaugenkern zeigt keinen Sprödbruch mehr an, sondern einen Mischbruch von Duktil- und Sprödbruch. Die Bruchfläche liegt auch nicht mehr senkrecht, sondern schräg zur Zugspannung. Offensichtlich hat während des Versuchs der Bruch längs einer Gleitebene mit dem Bruch längs der Spaltebene um den Fischaugenkern konkurriert.

Ein Vergleich der Bruchfläche um Einschlüsse oder Hohlräume bei den Proben mit und ohne Wasserstoffbeladung (Bild 39 und Bild 42) läßt den deutlichen Unterschied des Anteils an Spalt- und Duktilbruchfläche erkennen. Auf der Bruchfläche der Probe ohne Wasserstoffbeladung (Bild 39) ist ein Kern zu erkennen, aber keine Spaltbruchfläche um den Kern. Der Durchmesser der Fischaugen mit Vorverformung von Ψ_V = 1o% und Wasserstoffbeladung (Bild 42) variiert etwa von 1 bis 2o μm und der des Fischaugenkerns ist etwa 1o-fach kleiner als das Fischauge selbst. Aus der

Beobachtung, daß die ganze Bruchfläche fast völlig durch eine große Anzahl von kleinen Fischaugen besetzt ist und jedes Fischauge einen Kern hat, ist zu schließen, daß die Wechselwirkung zwischen Wasserstoff und Hohlräumen die entscheidende Rolle für die Wasserstoffversprödung spielt und das Modell der Mikrorißbildung an Einschlüssen[157,158] durch Versetzungsaufstauung im untersuchten Fall eher zutrifft als das Cottrell-Modell[156].

4.3.7 Schlußfolgerungen zur Überprüfung der Troiano-Theorie

Die in diesem Kapitel beschriebenen Versuche wurden hauptsächlich mit dem Ziel durchgeführt, die Richtigkeit der Troiano-Theorie zu bestätigen. Die Versuchsergebnisse können nach der Troiano-Theorie gut verstanden werden, aber nicht nach der Drucktheorie oder der Adsorptionstheorie. Damit ergeben sich Hinweise zur weiterfördernden Aufklärung des Mechanismus der Wasserstoffversprödung. Im folgenden werden die Versuchsergebnisse zur Troiano-Theorie kurz zusammengefaßt und ein Hinweis auf eine mögliche Verfeinerung der Troiano-Theorie gegeben.

1) Bei der Wiederholung des Troianoversuchs[8o] (Kap. 4.3.1) wurde bestätigt, daß die Duktilität mit zunehmender Auslagerungszeit zunächst leicht zu-, dann relativ stark ab- und anschließend wieder zunimmt (Bild 22 und 23). Dieser Kurvenverlauf ist nur durch die Änderung der Wasserstoffkonzentration in den verspannten Zonen vor den Hohlräumen zu verstehen, die während der Vorverformung bei -196°C entstanden sind. Das bedeutet, daß nur der Wasserstoff im Gitterbereich vor der Hohlraumspitze verantwortlich für die Wasserstoffversprödung ist.

2) Die Ergebnisse, daß die gemessenen Aktivierungsenergien für den Wasserstofftransport vergleichbar mit der der Gitterdiffusion sind (Kap. 4.2.2, Bild 2o) und der Wasserstoffübergang vom Hohlraum zum Gitterbereich der langsamste Schritt ist (Kap. 4.2.2, Bild 21), bestätigen die Troiano-Theorie (Kap. 4.3.2). Wenn der Wasserstoffübergang von Hohlräumen zum Gitterbereich der langsamste Schritt ist, wird der Wasserstoffgasdruck im Hohlraum nur durch die Reaktionen des Wasserstoffs an der Hohlraumoberfläche kontrolliert. Nach der Drucktheorie sollte für

die Versprödung die Aktivierungsenergie für die Absorption gefunden werden, eine Energie, die weit größer ist als die der Gitterdiffusion. Nach der Troiano-Theorie sollte dagegen in Übereinstimmung mit den experimentellen Ergebnissen die Aktivierungsenergie für die Gitterdiffusion gefunden werden, weil die Wasserstoffkonzentration im Gitter durch die Gitterdiffusion kontrolliert wird.

3) Deutliche Duktilitätsminima in Abhängigkeit von der Temperatur wurden bei den Proben mit gleicher Wasserstoffkonzentration beobachtet (Kap. 4.3.3, Bild 25).

4) Zwei Duktilitätsmaxima wurden bei Proben mit gleicher Wasserstoffkonzentration in Abhängigkeit vom Betrag der Vorverformung gefunden. Die erste Zunahme der Duktilität ist der zunehmenden Versetzungsdichte zuzuschreiben, während die erste Abnahme der Duktilität auf zunehmende Hohlraumdichte oder -größe zurückzuführen ist. Die Ergebnisse sind durch die Drucktheorie nicht erklärbar.

5) Zur Abhängigkeit von der Glühtemperatur trat ein Duktilitätsmaximum bei 55o^{o}C auf (Kap. 4.3.5, Bild 3o). Dafür wurden die Entfestigung und die Abstumpfung der Hohlraumspitze verantwortlich gemacht. Dabei wurde festgestellt, daß die Duktilität bei Proben mit stärkeren Vorverformungen kleiner ist als bei denen mit kleineren Vorverformungen (Bild 34). Nach der Drucktheorie sind aber der Wasserstoffdruck bei stärker vorverformten Proben kleiner und die Duktilität größer.

6) Bei den Proben mit starker Vorverformung bei -196°C wurde eine Verschiebung der Bruchfläche aus dem kleinsten Querschnitt gefunden (Kap. 4.3.6.1, Bild 36, Bild 37), deren Ursache in der unterschiedlichen Verteilung der Versetzungsdichte liegt. Da die Versetzungen im Gitterbereich vorliegen, bedeutet das, daß der Wasserstoff im Gitterbereich für die Verschiebung der Bruchfläche verantwortlich ist.

7) Auf den Bruchflächen der Proben mit Wasserstoffbeladung traten Fischaugen auf, was zu dem Schluß führt, daß die Abnahme der Duktilität durch das Entstehen der Fischaugen zu ver-

stehen ist. Jedes Fischauge hat einen Kern und eine senkrecht zur Zugspannung liegende Spaltbruchfläche um diesen Kern.

Bei allen Versuchen in diesem Kapitel wurde klar, daß die Wechselwirkung der Wasserstoffatome mit dem Spannungsfeld vor der Hohlraumspitze (Diffusion und Ansammlung des Wasserstoffs) von entscheidender Bedeutung für die Wasserstoffversprödung ist. Die Versuchsergebnisse, daß bei Proben mit gleicher Wasserstoffkonzentration die Duktilität mit zunehmender Vorverformung zunächst zunimmt (Kap. 4.3.4, Bild 26) und bei Proben mit starker Vorverformung und Wasserstoffbeladung eine Verschiebung der Bruchfläche von der Einschnürungszone auftritt (Kap. 4.3.6.1, Bild 36, Bild 37), passen zu der Vorstellung, daß die Versetzungsbewegung durch Wechselwirkung mit Wasserstoff erleichtert wird (Kap. 2.3.3.2.2). Die Erscheinung der Wasserstoffversprödung verlangt aber die Blockierung der Versetzungsbewegung. Das bedeutet, daß nach der Erleichterung der Versetzungsbewegung ein neuer Vorgang, nämlich die Blockierung der Versetzungsbewegung, eintreten muß, und zwar in den verspannten Zonen vor der Hohlraumspitze. Diese Überlegung führt zu einer neuen Modellvorstellung zum Mechanismus der Wasserstoffversprödung (Kap.5.2).

5 Schlußfolgerungen und Modellvorstellung zum Mechanismus der Wasserstoffversprödung

5.1 Schlußfolgerungen zum Mechanismus der Wasserstoffversprödung

Die Troiano-Theorie wurde durch die Versuchsergebnisse im Kap. 4.3 bestätigt, während die Drucktheorie und die Adsorptionstheorie widerlegt wurden. Nach der Troiano-Theorie sind die Wechselwirkungen des gelösten Wasserstoffs im Gitterbereich mit dem dreiachsigen Spannungsfeld vor der Hohlraumspitze die Ursache für die Wasserstoffversprödung. Der Wasserstoff soll in die verspannte Zone vor der Hohlraumspitze diffundieren, wo die hohe Zugspannung herrscht und die hohe Wasserstoffansammlung in dieser verspannten Zone günstige Bedingungen für die Hohlraumausbreitung bietet. Zur Erläuterung der Einzelheiten der Wechselwirkungen des Wasserstoffs im Gitterbereich mit dem Spannungsfeld vor der Hohlraumspitze sind die Dekohäsionstheorie und die Versetzungstheorie zu diskutieren.

Nach der Dekohäsionstheorie von A.R. Troiano[80)] und R.A. Oriani[14)] wird die Oberflächenenergie für die Schaffung einer neuen Oberfläche vor der Hohlraumspitze durch die Wasserstoffansammlung abnehmen, weil die Kohäsionskraft der Gitteratome durch die Aufnahme der Wasserstoffelektronen in die 3d-Bahnen der Gitteratome (zweite Hälfte der Übergangsmetalle) sich erniedrigt, und die Bruchenergie gleichermaßen abnimmt. Voraussetzung dafür ist, daß keine plastische Verformung während des Bruchvorgangs auftritt, d.h. die plastische Verformungsenergie Null wird, und die Bruchenergie identisch mit der Oberflächenenergie ist, weil die Bruchenergie die Summe der plastischen Verformungsenergie und Oberflächenenergie ist.

Eine Theorie der Wasserstoffversprödung soll erklären können, warum ein duktiler Werkstoff durch Wasserstoffbeladung spröder wird. So ist beispielsweise der deutliche Duktilitätsverlust durch Wasserstoff bei quasi-statischen Zugversuchen immer zu beobachten, wobei der Bruch weit im plastischen Bereich erfolgt. Aus der Tatsache, daß die plastische Verformungsenergie weit größer ist als die Oberflächenenergie, ist anzunehmen, daß die Bruchenergie durch die Abnahme der Oberflächenenergie kaum erniedrigt und der Bruchvorgang kaum erleichtert werden kann.

Vielmehr ist zu erwarten, daß die Bruchenergie durch die Abnahme der Kohäsionskraft erhöht wird. Durch die Abnahme der Kohäsionskraft wird neben der Oberflächenenergie auch die kritische Schubspannung für die Gleitung der Versetzung gleichermaßen abnehmen. So ist die Neigung zur Trennung der Atombindung auf Spaltebenen oder zur Verschiebung auf Gleitebenen durch Wasserstoffbeladung nicht verändert. Die Gleitung der Versetzungen erfolgt eher bei niedrigeren Spannungen als die einfache Trennung auf Spaltebenen. Aus dieser Sicht ist anzunehmen, daß die Gleitung der Versetzung durch Wasserstoffbeladung bei noch kleinerer Spannung erfolgt, die plastische Verformungsenergie zunimmt, der Werkstoff noch duktiler wird, und daß die Dekohäsionstheorie nur bei den Werkstoffen anwendbar sein könnte, bei denen unabhängig von der Wasserstoffkonzentration die Kohäsionskraft kleiner ist als die kritische Schubspannung für die Gleitung der Versetzungen, und die auch ohne Wasserstoffbeladung spröde werden.

Die Dekohäsionstheorie kann also nurbei den Übergangsmetallen der zweiten Hälfte diskutiert werden. Weil bei diesen Werkstoffen die Gleitung der Versetzungen eher eintritt als die Trennung der Gitteratome und durch Wasserstoffbeladung noch erleichtert wird, werden die plastische Verformung und die plastische Verformungsenergie zunehmen, wobei die Abnahme der Oberflächenenergie im Vergleich zu der Zunahme der plastischen Verformungsenergie vernachlässigbar klein ist. Das bedeutet, daß die Dekohäsionstheorie die Ergebnisse nicht beschreiben kann. Außerdem läßt die Vorstellung, daß die Kohäsionskraft der Übergangsmetalle der ersten Hälfte durch die Aufnahme der Elektronen in die 3d-Bahnen zunimmt[2], erkennen, daß die Dekohäsionstheorie keine allgemein gültige Theorie sein kann. Durch Zunahme der Kohäsionskraft würden die Oberflächenenergie und Bruchenergie zunehmen, wodurch der Bruchvorgang erschwert würde, falls keine plastische Verformung vorliegt. Experimente, bei denen auch bei den Übergangsmetallen der ersten Hälfte (z.B. Ti, Zr, ...) eine Wasserstoffversprödung gefunden wurde, widerlegen die Dekohäsionstheorie.

Nach der Ablehnung der Dekohäsionstheorie bleibt nur die Versetzungstheorie übrig. Die Versetzungstheorie berücksichtigt die Tatsache, daß in realen Werkstoffen der durch Wasserstoff verursachte Sprödbruch immer von plastischen Verformungen begleitet wird und die plastische Verformungsenergie fast gleich der Bruchenergie ist. Diese Tatsache zwingt zur Folgerung, daß für eine Erniedrigung der Bruchenergie die plastische Verformungsenergie abnehmen muß. Eine Erniedrigung der plastischen Verformungsenergie kann nur durch die Blockierungen der Versetzungsbewegung hervorgerufen werden, die durch die Wechselwirkungen der Versetzungen mit Wasserstoff zustande kommen können. Die möglichen Wechselwirkungen der Versetzungen mit Wasserstoff können in drei Gruppen aufgeteilt werden:

1) Blockierung der Versetzungsbewegung durch physikalische Wechselwirkung mit Wasserstoffatomen
2) Erleichterung der Versetzungsbewegung durch Wechselwirkung mit Wasserstoffatomen
3) Blockierung der Versetzungsbewegung durch chemische Wechselwirkung mit Wasserstoffatomen.

Die erste Art der Wechselwirkung ist unter normalen Versuchsbedingungen wegen der zu hohen Diffusionsgeschwindigkeit des Wasserstoffs nicht möglich. Die zweite Art der Wechselwirkung ist möglich, kann aber die Wasserstoffversprödung nicht erklären, weil danach das Material durch Wasserstoff noch duktiler werden sollte.

Die experimentellen Nachweise für die zweite Art der Wechselwirkung sind Zunahme der Duktilität mit zunehmender Vorverformung (Bilder 22, 25 und 26) und Verschiebung der Bruchfläche aus dem engsten Querschnitt (Bilder 36 und 37). Diese Anomalitäten der Wasserstoffversprödung sind gleichzeitig eindeutige Beweise gegen die Dekohäsionstheorie. Die Dekohäsionstheorie verlangt, daß durch die Abnahme der Oberflächenenergie die Hohlraumausbreitung über Spaltebenen leichter wird und die plastische Verformung abnimmt. Die versuchsmäßig festgestellten Anomalitäten erfordern aber die Abnahme der kritischen Schubspannung für die Gleitung der Versetzung und die Zunahme der plastischen Verformung.

Weil die erste und zweite Art der Wechselwirkung der Versetzung mit Wasserstoff als Ursache der Wasserstoffversprödung ausscheiden, bleibt nur die dritte übrig. Die zweite kann trotzdem einen entscheidenden Hinweis zur Aufklärung des Mechanismus der Wasserstoffversprödung geben. Weil die im Gitterbereich gelösten Wasserstoffatome die Versetzungsbewegung erleichtern und das Material duktiler machen, muß der Wasserstoff in einer anderen Form existieren oder in eine andere Form übergehen, wenn die durch Wasserstoff verursachte Versprödung verstanden werden soll. Unter einer anderen Existenzform des Wasserstoffs ist nur die chemisch gebundene Form vorzustellen, weil ein Element entweder in der atomaren oder chemisch gebundenen Form existieren kann.

Unter der chemischen Wechselwirkung der Versetzung mit Wasserstoffatomen kann die Blockierung der Versetzungsbewegung durch die chemischen Reaktionen des Wasserstoffs mit Elementen (H, C, O, S, Zr, Ti, Nb usw.) im Gitterbereich verstanden werden. Solche chemischen Reaktionen sind bei einer kritischen Kombination der thermodynamischen Bedingungen wie Druck, Temperatur und Wasserstoffkonzentration möglich. Ein günstiger Ort einer kritischen Kombination der thermodynamischen Bedingungen für eine chemische Reaktion des Wasserstoffs mit Elementen im Gitterbereich ist die Zone vor der Hohlraumspitze, weil dort eine starke lokalisierte hohe Zugspannung vorliegt.

Beim Anlegen der äußeren Spannung nimmt die Zugspannung in der Zone vor der Hohlraumspitze relativ stark zu. Das thermodynamische Gleichgewicht ist damit gestört. Die Wasserstoffatome diffundieren in die verspannte Zone vor der Hohlraumspitze, um einen neuen Gleichgewichtszustand zu erreichen, dessen Folge die starke Zunahme der Wasserstoffkonzentration in dieser Zone ist. In diesem Stadium kann die zweite Art der Wechselwirkung der Versetzungen mit Wasserstoffatomen auftreten, nämlich die Erleichterung der Versetzungsbewegung, weil der Wasserstoff noch in atomarer Form gelöst vorliegt. Dadurch kann lokal plastische Verformung (plastische Zone) eintreten, weil die Streckgrenze durch die lokale Ansammlung der Wasserstoffatome in dieser Zone abnehmen wird.

Während der Entstehung und Ausbreitung der plastischen Zone vor der Hohlraumspitze wird der Krümmungsradius der Hohlraumspitze zunehmen und dadurch die Zugspannung vor der Hohlraumspitze abnehmen. Dadurch werden günstige Bedingungen für die chemischen Reaktionen des Wasserstoffs mit Elementen im Gitterbereich geschaffen. Wenn die Zugspannung unter das Niveau absinkt, bei dem die momentane Wasserstoffkonzentration mit der Wasserstofflöslichkeit identisch ist, ist der Wasserstoff übersättigt. Das chemische Potential des Wasserstoffs wird dadurch zunehmen und chemische Reaktionen des Wasserstoffs mit Elementen im Gitterbereich können zustande kommen.

Es ist anzunehmen, daß die Zugspannung so schnell abnimmt, daß die vor der plastischen Verformung gebildete hohe Wasserstoffkonzentration nicht abgebaut werden kann. Daher kann eine starke Wasserstoffübersättigung in der verspannten Zone vor der Hohlraumspitze auftreten. Ob eine chemische Reaktion des Wasserstoffs mit Elementen im Gitterbereich tatsächlich zustande kommt, hängt davon ab, wie groß die Wasserstoffübersättigung und die chemische Affinität des Wasserstoffs mit den Reaktionspartnern sind.

Atomistisch gesehen ist die Ursache der Wasserstoffdiffusion in die verspannte Zone vor der Hohlraumspitze die Dilation der Gitteratome, die durch die vor der Hohlraumspitze herrschende hohe Zugspannung verursacht wird. Der ausgedehnte Gitterbereich kann so lange die Wasserstoffatome aufnehmen, bis ein neuer Gleichgewichtszustand erreicht wird. Wenn die Zugspannung im stark ausgedehnten Gitterbereich durch die Abstumpfung der Hohlraumspitze abnimmt, wird der Abstand zwischen den benachbarten Gitteratomen kleiner. Die Löslichkeit für Wasserstoff nimmt ab. Alle im Gitterbereich vorhandenen Elemente, einschließlich Wasserstoff selbst, können grundsätzlich die Reaktionspartner des Wasserstoffs werden.

Bei den Übergangsmetallen der ersten Hälfte nehmen die Kohäsionskraft der Gitteratome und die kritische Schubspannung für die Gleitung der Versetzungen durch gelöste Wasserstoffatome zu. Die Versetzungsbewegung und die plastische Verformung werden dadurch erschwert und die Duktilität abnehmen. Es ist auch wohl vorstellbar, daß sich Hydride durch Übersättigung während der Verformung vor der Hohlraumspitze bilden und die Rißausbreitung erleichtern.

5.2 Modellvorstellung zum Mechanismus der Wasserstoffversprödung

Ein Vergleich der Bilder 39 (Duktilbruch), 42 (Sprödbruch) und 47 (Mischbruch) läßt aufschlußreiche Informationen über den Mechanismus der wasserstoffinduzierten Rißausbreitung zu. Die Fläche der Materialtrennung im Hohlraum bzw. Fischaugenkern liegen im Bild 42 senkrecht zur angelegten Zugrichtung und im Bild 39 fast parallel dazu, während sie im Bild 47 zwischen den beiden Neigungswinkeln im Bild 39 und 42 liegt. Aus diesen Ergebnissen ist zu vermuten, daß beim Mischbruch die beiden Arten der Materialtrennung, nämlich durch reine Abgleitungsvorgänge und über Spaltebene ohne Abgleitungsvorgänge gemischt auftreten.

Immer wenn die kritische Schubspannung für die Gleitung der Versetzungen erreicht und die Versetzungsbewegung entlang der Ebene des Abgleitbruchs aktiviert wird, konkurriert diese Hohlraumausbreitung mit der entlang der Spaltebene. Je größer die kritische Schubspannung ist, desto leichter kann die lokale

Zugspannung die kritische Spaltbruchspannung überschreiten. Wenn der Riß längs einer Spaltebene verläuft, entsteht ein Spaltbruch. Ein Abgleitbruch kann makroskopisch senkrecht zur angelegten Spannung und bis zu 45° dagegen geneigt verlaufen. Mikroskopisch entsteht er durch Abgleitungsvorgänge der Versetzungen. Beim Mischbruch treten in der Bruchfläche Spalt- und Abgleitbrüche nebeneinander auf. Je nach der Länge der Rißausbreitung in den verschiedenen Ebenen kommt als Resultierende ein unterschiedlicher Winkel der Bruchfläche zur angelegten Spannung zustande (Bild 49).

Die einzelnen Bruchstufen kommen folgendermaßen zustande: Die Wasserstoffatome sammeln sich in dem Gebiet maximaler Zugspannung vor der Hohlraumspitze an, wodurch bei den Übergangsmetallen der zweiten Hälfte die kritische Schubspannung für die Gleitung der Versetzung abnimmt und die Streckgrenze erniedrigt wird. Die plastische Zone wird dann leichter entstehen oder sich ausbreiten, der Krümmungsradius der Hohlraumspitze wird zunehmen und die Zugspannung in dieser Zone entsprechend abnehmen. Während der Abnahme der Zugspannung wird die Dilatation der Gitteratome verringert und das chemische Potential für den Wasserstoff steigt. Der Wasserstoff kann sich dadurch unter Umständen im übersättigten Zustand befinden und mit Stahlbegleitern (z.B. Wasserstoff, Kohlenstoff, Sauerstoff, Schwefel, usw. oder Elementen der Übergangsmetalle der ersten Hälfte wie Titan, Zirkon, Niob, usw.) Hydride bilden. Im Bereich, in dem Hydride sich bilden, wird die Versetzungsbewegung stark blockiert und die plastische Verformung behindert. Die Hohlräume können sich dann durch die Trennung der Gitteratome über Spaltebenen leicht ausbreiten.

Der Spaltbruch läuft, bis er in Gebiete gelangt, in denen keine chemische Wechselwirkung vorliegt und stehen bleibt. Hier kann Abgleitbruch auftreten. Im Bereich des stabilen Rißwachstums bleibt der Abgleitbruch von allein stehen. Wasserstoff sammelt sich im Bereich der maximalen Zugspannung und ein neuer Zyklus beginnt.

Die Diskontinuität der Rißausbreitung[17,1o0,1o3,1o4,1o5,1o6,1o7)], deren Beobachtung zum Beispiel mit Hilfe der Messung des elektrischen Widerstandes und der Schallemission möglich ist, ist mit Hilfe dieser Modellvorstellung gut zu verstehen. Die nach der Hydridbildung in der verspannten Zone vor der Hohlraumspitze erfolgende Hohlraumausbreitung über Spaltebenen läuft sehr schnell, so daß eine plötzliche Zunahme des elektrischen Widerstandes oder eine plötzliche Freigabe der Schallenergie gemessen wird. Nach einer Ausbreitung über Spaltebenen in der Zone der Hydridbildung bleibt der Riß stehen, bis eine neue kritische Wasserstoffkonzentration erreicht wird, wobei keine Zunahme des elektrischen Widerstands oder der Freigabe der Schallenergie gemessen wird.

Die Rißbildung[11,99] an mit Wasserstoff beladenen Proben ohne äußere Belastung, die eigentlich als Beweis für die Drucktheorie interpretiert wurde, ist auch mit Hilfe der vorgeschlagenen Modellvorstellung erklärbar. Bei Anwesenheit innerer Spannungen kann die Zugspannung vor der Hohlraumspitze sehr groß werden, so daß die Wasserstoffatome sich im Bereich der maximalen Zugspannung sammeln. Nach der Ansammlung der Wasserstoffatome wird die kritische Schubspannung für die Gleitung der Versetzung abnehmen. Die Voraussetzungen für die Entstehung der plastischen Zone, die Abstumpfung der Hohlraumspitze, die Abnahme der Zugspannung, die Übersättigung des Wasserstoffs und die Hydridbildung sind damit erfüllt und die Hohlräume können sich ausbreiten.

Auch die Beobachtung[62,95], daß die Kerbzugfestigkeit und die Brucheinschnürung bei Proben mit Wasserstoffbeladung gleichzeitig abnehmen, ist unter der Annahme der vorgeschlagenen Modellvorstellung zu verstehen. Wenn die Hydride vor der Hohlraumspitze bis zu der Probendehnung nicht gebildet werden, bei der die Kerbzugfestigkeit gemessen wird, kann die Kerbzugfestigkeit abnehmen, weil die Versetzungsbewegung durch die gelösten Wasserstoffatome erleichtert wird. Wenn einmal die Hydride gebildet sind, wird die Versetzungsbewegung blockiert und der Bruch kann sich leicht über Spaltebenen ausbreiten.

Obwohl die chemischen Wechselwirkungen des Wasserstoffs im Gitter angesichts der komplizierten Vorgänge während der plastischen Verformung wahrscheinlich erscheinen, liegen wenige Berichte über die Hydridbildung unter Last vor[105,106,136-139]. Die eindeutigen Beobachtungen der Hydride auf der Bruchfläche einer Ti-Legierung[105] und der diskontinuierlichen Bruchausbreitung[17,100, 103-107] unterstützen grundsätzlich die Richtigkeit dieses Modells. Der Wasserstoff kann sich sowohl mit Fremdelementen als auch zum Wasserstoffmolekül verbinden. Es ist anzunehmen, daß diese Wasserstoffverbindungen die Versetzungsbewegung blockieren und metallographisch kaum zu beobachten sind.

6 Zusammenfassung

Die vorliegende Arbeit befaßt sich mit den durch Wasserstoff induzierten Bruchvorgängen. Zur Klärung der Mechanismen der Wasserstoffversprödung ist es notwendig, die Thermodynamik und die Kinetik des Wasserstoffs in Stahl mit mechanischen Eigenschaften in Zusammenhang zu bringen. In der Literaturübersicht wurden deshalb die Kenntnisse über Löslichkeit, Transportvorgänge des Wasserstoffs, Bruchvorgänge, Wechselwirkungen des Wasserstoffs, mechanisches Verhalten beim Einwirken des Wasserstoffs und Theorien der Wasserstoffversprödung beschrieben.
Im experimentellen Teil wurden sowohl die Transportvorgänge des Wasserstoffs und der Leerstellen in Stahl als auch die Mechanismen der Wasserstoffversprödung mit Hilfe von Zugversuchen und elektrischen Widerstandsmessungen untersucht.

Es stellte sich heraus, daß die Leerstellen die Wasserstoffdiffusion in Stahl bei Raumtemperatur entscheidend kontrollieren und die Versetzungen und Hohlräume keinen Einfluß darauf haben. Es ist anzunehmen, daß die starke Abnahme und werkstoffabhängige Streuung der Ergebnisse für die Wasserstoffdiffusion unterhalb 200 ^{o}C durch Leerstellen verursacht wird. Andererseits wurde bei den elektrischen Widerstandsmessungen festgestellt, daß durch Wasserstoffbeladung die Leerstellendiffusion erleichtert wird und durch Wasserstoffeffusion der elektrische Widerstand zunimmt.

Aus den Versuchsergebnissen, daß bei gleich stark mit Wasserstoff beladenen Proben mit unterschiedlichen Vorverformungen die Duktilitätserholung mit zunehmender Auslagerungszeit trotz gleicher Oberflächenbeschaffenheit unterschiedlich schnell erfolgt, wurde geschlossen, daß die Gitterdiffusion langsamer ist als der Wasserstoffübergang vom Gitterbereich zur Umgebung (Desorption). Aus den Ergebnissen an Proben mit unterschiedlichen Vorverformungen und anschließender Wärmebehandlung wurde geschlossen, daß der Wasserstoffübergang vom Hohlraum zum Gitterbereich der langsamste Schritt ist (Absorption).

Zur Deutung der Wasserstoffversprödung wurden im Schrifttum die Drucktheorie, Adsorptionstheorie und Troiano-Theorie vorgeschlagen. Nach der Drucktheorie ist der Wasserstoffgasdruck in Hohlräumen, nach der Adsorptionstheorie die während der Adsorption des Wasserstoffs an Hohlraumoberflächen freiwerdende Adsorptionswärme und nach der Troiano-Theorie die Wasserstoffatome im Gitterbereich vor der Hohlraumspitze die Ursache für die Wasserstoffversprödung. Der Wasserstoffdruck in Hohlräumen und die Adsorptionswärme im Vergleich mit der Bruchenergie sind zu niedrig, um einen nennenswerten Einfluß auf die Duktilität auszuüben. Durch eine Reihe von Versuchen wurden Beweise für die Richtigkeit der Troiano-Theorie gewonnen, während die Druck- und Adsorptionstheorie widerlegt wurden:

1) Bei der Wiederholung des Versuchs nach Morlet, Johnson und Troiano[8o] war die eindeutige Duktilitätserholung bei kürzeren Auslagerungszeiten zu finden, was nach der Druck- oder Adsorptionstheorie nicht erklärbar ist, wonach der Wasserstoffdruck in Hohlräumen mit zunehmender Auslagerungszeit zunehmen soll.

2) Aus den Versuchsergebnissen, daß die Aktivierungsenergien bei vorverformten Proben mit zunehmenden Wasserstoffkonzentrationen von 29,3 bis 42,9 kJ/mol (7 bis 1o,25 kcal/mol) zunehmen und der langsamste Schritt des Wasserstofftransportes im Stahl der Wasserstoffübergang von Hohlraum zu Gitterbereich ist, ist zu folgern, daß nur Wechselwirkungen des Wasserstoffs im Gitterbereich für die Wasserstoffversprödung verantwortlich sind.

3) Die Duktilitätserholung mit steigender Versuchstemperatur nach Wasserstoffbeladung konnte mit Hilfe der größeren Plastizität bei höherer Temperatur erklärt werden. Mit Hilfe der Drucktheorie sind die Ergebnisse nicht zu deuten, weil die Versuchszeit für eine Einstellung des Gleichgewichtswas-

serstoffgasdrucks in Hohlräumen und für eine ausreichende Wasserstoffeffusion zu kurz ist.

4) Zwei Maxima der Duktilität in Abhängigkeit von der Vorverformung wurden bei Proben nach Wasserstoffbeladung gefunden. Die starke Abnahme nach dem ersten Duktilitätsmaximum ist mit Hilfe der Druck- oder Adsorptionstheorie nicht erklärbar, weil mit zunehmender Vorverformung die Hohlraumdichte zu-, der Wasserstoffgasdruck ab- und nach der Drucktheorie die Duktilität zunehmen sollten.

5) Bei stärker vorverformten Proben mit anschließender Glühung, Beladung, Cadmiumplattierung und Auslagerung wurde selbst unter Berücksichtigung des Einflusses der durch Einschnürung bedingten unterschiedlichen Probengeometrie die Duktilität kleiner als bei weniger stark vorverformten Proben. Nach der Drucktheorie sind der Wasserstoffgasdruck bei stärker vorverformten Proben kleiner und die Duktilität größer.

6) Bei den durch Wasserstoff stark versprödeten Proben wurden Fischaugen gefunden, um deren harte Kerne glatte und senkrecht zur Zugspannung und parallel zur Spaltebene liegende Bruchflächen gefunden wurden, deren Entstehung mit Hilfe der Drucktheorie nicht erklärbar ist.

Nachdem die Troiano-Theorie sicher bewiesen werden konnte, lag die nächste Aufgabe darin, zu klären, durch welche Wechselwirkungen des Wasserstoffs im Gitter die Wasserstoffversprödung zustande kommt. Erweiterungen der Troiano-Theorie sind die Dekohäsions- und Versetzungstheorie. Aus theoretischen Überlegungen ist die Dekohäsionstheorie wegen der Vernachlässigung der plastischen Verformungsenergie unannehmbar, während die Versetzungstheorie für die Erklärung der Wasserstoffversprödung geeignet ist. Ein Schwerpunkt der vorliegenden Arbeit liegt darin, die anomalen Einflüsse auf die mechanischen Eigenschaften versuchsmäßig festzustellen und zu begründen, weil sie eindeutige Beweise gegen die Dekohäsionstheorie sind und wichtige Informationen über die Verformungsvorgänge beim Wasserstoffeinwirken liefern. Es wurden eine Zunahme der Duktilität mit zunehmender Vorverformung bei einer konstanten Wasserstoffkonzentration und eine Verschiebung der Bruchfläche aus der Einschnürungszone bei einer starken Wasserstoffbeladung beobachtet. Mit Hilfe der Vorstellung, daß die Versetzungsbewegung durch physikalische Wechselwirkung der Versetzungen mit Wasserstoffatomen erleichtert wird, sind die Anomalitäten zu verstehen.

Die Vorstellung, daß Wasserstoff in atomarer Form die Übergangsmetalle der zweiten Hälfte nur noch duktiler macht, führt zur Annahme, daß Wasserstoff in chemisch gebundener Form vorliegen muß, um die Wasserstoffversprödung erklären zu können. Eine Wasserstoffübersättigung ist möglich und erforderlich, weil die mittlere Wasserstoffkonzentration für eine Hydridausscheidung zu klein ist. Als bevorzugter Platz hierfür kommt die verspannte Zone vor der Hohlraumspitze in Frage, weil dort die Zugspannung und Wasserstoffkonzentration maximal sind. Die Versetzungsbewegung wird durch ausgeschiedene Hydride blockiert, und die Hohlräume breiten sich leichter aus. Das Ergebnis ist die Wasserstoffversprödung.

Schrifttumsverzeichnis

1) A. Krahl: Stahl u. Eisen 9o (197o) S. 85

2) R.B. McLellan, C.G. Harkins: Mater. Sci. Eng. 18 (1975) S.5

3) I.M. Bernstein: Mater. Sci. Eng. 6 (197o) S. 1

4) M. Reuter: Techn. Überwachung 15 (1974) S. 1o

5) J.P. Hirth, H.H. Johnson: Corrosion-NACE 32 (1976) S.3

6) S. Talbot-Besnard: The 2nd International Congress, Hydrogen in Metals, Paris, 1 (1977), M3

7) J.C.M. Li, R.A. Oriani, L.S. Darken: Z. phys. Chem. 49 (1966) S. 271

8) H.J. König: Dissertation, Aachen (1973)

9) H.J. König, K.W. Lange: Arch. Eisenhüttenwes. 46 (1975) S.237

1o) H.J. König, K.W. Lange: Arch. Eisenhüttenwes. 46 (1975) S.669

11) A.S. Tetelman, A.J. McEvily: Fracture of Structural Materials (1967) S. 81

12) H.G. Hahn: Bruchmechanik, Stuttgart (1976)

13) J.R. Rice, M.A. Johnson: Inelastic Behavior of solids, McGraw-Hill (197o) S. 641

14) R.A. Oriani: Berichte der Bunsen-Gesellschaft 76 (1972) S.848

15) P.G. Shewmon: Diffusion in Solids, McGraw-Hill, New York (1963) S. 1

16) R.A. Oriani: Proc. Symp. Stress Corrosion Cracking (1967) S.32

17) A.R. Troiano: Trans. ASM 52 (196o) S. 54

18) C.B. Gilpin, D.H. Paul, S.K. Asunman, N.A. Tiner: Advances in Electron Metallography, ASTM STP 396, Philadelphia, Pennsylvania (1969) S. 7

19) H.H. Johnson: Proc. intern. conf. on the effect of hydrogen on the materials properties and select and structural design, ASM (1973) S. 35

2o) D.O. Hayward, P.K.W. Trannell: Chemisorption, Butterworths, London (1964) S. 2

21) A.K. Galway: Chemistry of Solids, London (1967) S. 111

22) G. Weller: Adsorption, Verlag Chemie, Weinheim (197o) S. 1

23) P. Bardenheuer, G. Thanheiser: Mitt. KWI 1o (1928) S. 323

24) F. de Kazinczy: Metallurg. Trans. 7 (1959) S. 525

25) G. Phragmen: Jernkont. Ann., 128 (1944) S. 537

26) N.N. Engel, J.E. Johnston: L'Hydrogène dans les Métaux, Congrès International, Paris, 1 (1972) S. 6o

27) M. Smialowski, E. Lunarska, A. Zielinski: The 2nd International Congress, Hydrogen in Metals, Paris, 6 (1977) S. 263

28) A.E. Lord: Acta Metallurg. 15 (1967) S. 1241

29) G. Gibala: Trans. AIME 239 (1967) S. 1574

3o) J.H.L. Birchall, D.K. Ross: Berichte der Bunsen-Gesellschaft 76 (1972) S. 782

31) W. Dahl: Stahl u. Eisen 84 (1964) S. 372

32) A.S. Tetelman, C.N.J. Wagner, W.D. Robertson: Acta Metallurg. 9 (1961) S. 2o5

33) J.N. Andrews, A.R. Ubbelohde: Proc. Roy. Soc., London, 6 (1959) S. 253

34) M.E. Straumanis, D.C. Kim: Z. Metallkde 6o (1969) S. 272

35) E. Adler: Z. Metallkde 56 (1965) S. 294

36) K. Vetter, H. Steeb, H. Kronmüller: The 2nd International Congress, Hydrogen in Metals, Paris, 6 (1977), 2C5 und 2C6

37) W.R. Heller: Stress Corrosion Cracking and Embrittlement, Wiley, New York (1956) S. 163

38) Y.T. Chou, J.C.M. Li: Proc. Intern. Sym. on Interaction between Dislocation and Point defects, Harwell (1968)

39) A. Zielinski, E. Lunarska, M. Smialowski: Acta Met. 25 (1977) S. 551

4o) M. Carrad, J. Plusquellec, P. Azou, P. Bastien: The 2nd International Congress, Hydrogen in Metals, Paris, 6 (1977) 2C2

41) P.P. Tung, A.W. Sommer: Acta Met. 22 (1974) S. 191

42) A.R. Troiano: Spec. Rep. Iron Steel Inst. 73 (1962)

43) S.P. Lynch, N.E. Ryan: The 2nd International Congress, Hydrogen in Metals, Paris, 5 (1977) S. 363

44) C.D. Beacham: Metallurg. Trans. 3 (1972) S. 437

45) M. Cornet, J. Rzepski, S. Talbot-Besnard: The 2nd International Congress, Hydrogen in Metals, Paris, 1o (1977) 3A1

46) M. Cornet, M.F. Trichet, S. Talbot-Besnard: Mémoires Scientifiques Revue Métallurgie (1977) S. 3o7

47) W. Hofmann, W. Rauls: Arch. Eisenhüttenwes. 32 (1961) S. 169

48) R.P. Fromberg, W.J. Barnett, A.R. Troiano: Trans. ASM 47 (1955) S. 892

49) J.F. Hobson, C. Sykes: JISI 169 (1951) S. 2o9

5o) G.C. Smith: Acta Metallurg. 19 (1971) S. 227

51) H.J. Wiester, W. Dahl, H. Hengstenberg: Arch. Eisenhüttenwes. 34 (1963) S. 915

52) W. Hofmann, W. Rauls: Arch. Eisenhüttenwes. 34 (1963) S.925

53) R.A. Vennet, G.S. Ansell: Trans. ASM 6o (1967) S. 242

54) A. Cracknell, N.T. Petch: Acta Metallurg. 3 (1955) S. 2oo

55) F.K. Naumann, W. Carius: Arch. Eisenhüttenwes. 3o (1959) S.361

56) J.B. Seabrook, N.J. Grant, D. Carney: Trans. AIME 188 (195o) S. 1317

57) Y. Tobe, W.R. Tyson: The 2nd International Congress, Hydrogen in Metals, Paris, 1o (1977) 3A5

58) H.C. Rogers: Acta Metallurg. 4 (1956) S. 114

59) A.M. Adair, R.E. Hook: Acta Metallurg. 1o (1962) S. 741

6o) H.C. Rogers: Acta Metallurg. 2 (1954) S. 167

61) H.C. Rogers: Acta Metallurg. 5 (1957) S. 112

62) W. Hofmann, W. Rauls: Welding J. 44 (1965) S. 225

63) W. Dahl, H. Stoffels, H. Hengstenberg, C. Düren: Stahl u. Eisen 87 (1967) S. 125

64) I.M. Bernstein: Scripta Metallurg. 8 (1974) S. 343

65) F. de Kazinczy: JISI 177 (1954) S. 85

66) A.R. Troiano: WADC-TN-55-3o6

67) W.W. Gerberich, Y.T. Chen: Metallurg. Trans. 6A (1975) S. 271

68) D.P. Dautovich, S. Floreen: Metallurg. Trans. 4 (1973) S.2627

69) G. Sandoz: Metallurg. Trans. 3 (1972) S. 1169

7o) J. Franz, G. Vibrans: Werkstoffkunde u. Korrosion 27 (1976) S. 237

71) R.J. Walter, W.T. Chandler: Mater. Sci. Eng. 8 (1971) S. 9o

72) H. Schenck, E. Schmidtmann, H.F. Klärner: Stahl u. Eisen 87 (1967) S. 136

73) F.K. Naumann: Stahl u. Eisen 87 (1967) S. 146

74) M.B. Whiteman, A.R. Troiano: Corrosion-NACE 21 (1965) S. 53

75) W.M. Baldwin, D.J.-P. Adenis: Trans. ASM 54 (1961) S. 381

76) H. Hieber, F. Erdmann-Jesnitzer: Arch. Eisenhüttenwes. 44 (1973) S. 685

77) R.M. Vennett, G.S. Ansell: Trans. ASM 6o (1967) S. 242

78) J.B. Steinman, H.C. Van Ness, G.S. Ansell: Welding J. (1965) S. 221

79) R.H. Canett, H.C. Van Ness: Welding J. 42 (1963) S. 316

8o) J.G. Morlet, H.H. Johnson, A.R. Troiano: JISI 189 (1958) S.37

81) F. Erdmann-Jesnitzer, H. Hieber: Arch. Eisenhüttenwes. 4o (1969) S. 73

82) B.A. Graville, R.G. Baker, F. Watkinson: Brit. Welding J. 14 (1967) S. 337

83) J.D. Fast, D.J. van Ooijen: Philips techn. Rdsch. 63 (1962) S. 263

84) I.T. Brown, W.M. Baldwin: Trans. AIME 2oo (1954) S. 298

85) T. Toh, W.M. Baldwin: Stress Corrosion Cracking and Embrittlement, John Wiley and Sons (1959) S. 176

86) H.P. Van Leeuwen: Eng. Fract. Mechn. 6 (1974) S. 141

87) B.A. Graville: Brit. Welding J. 15 (1968) S. 191

88) Y. Kikuta, T. Araki, S. Ochiai: The 2nd International Congress, Hydrogen in Metals 1o (1977) 3A3

89) H.H. Johnsons, J.P. Hirth: Met. Trans. 7A (1976) S. 1543

9o) J.E. Smugeresky: Met. Trans. 8A (1977) S. 1283

91) J.K. Tiem, A.W. Thomson, I.M. Bernstein, R.J. Richards: Met. Trans. 7A (1976) S. 821

92) K.S. Lee, N.S. Stoloff: AIME, 1976, S. 4o4

93) D.W. Chung, K.S. Lee, N.S. Stoloff: The 2nd International Congress, Hydrogen in Metals 4 (1977) 3C11

94) C.V. Owen, T.E. Scott: Met. Trans. 3 (1972) S. 1715

95) J.F. Lancaster: The Metallurgy of Welding, Brazing and Soldering, Am. Elsevier Publishing Co. (1965) S. 18o

96) R.D. Daniels, R.J. Quigg, A.R. Troiano: Trans. ASM 51 (1959) S. 843

97) C.M. Hugins: Materials Protection 8 (1969) S. 41

98) C.M. Hugins, R.L. McGlasson, P. Medizadeh, W.M. Rosborough: Corrosion, NACE 22 (1966) S. 238

99) L.M. Dvoracek: Corrosion-NACE 26 (197o) S. 177

1oo) J.F.R. Ambler, C.E. Coleman: The 2nd International Congress, Hydrogen in Metals 4 (1977) 3C1o

1o1) R.J. Walter, W.T. Chandler: Mater. Sci. Eng. 5 (1969/197o) S. 98

1o2) R.P. Jewett: NASA, Contract Report - 2163

1o3) E.A. Steigerwald, F.W. Schaller, A.R. Troiano: Trans. AIME 215 (1959) S. 1o48

1o4) H. Dunegan, A.S. Tetelman : Eng. Frac. Mech. 2 (1971) S. 387

1o5) G.H. Koch, A.J. Burste, E.N. Pugh: The 2nd International Congress, Hydrogen in Metals, Paris, 5 (1977) 3D4

1o6) R. Dutton, C.H. Woo, K. Nuttall, L.A. Simpson, M.P. Puls: The 2nd International Congress, Hydrogen in Metals, Paris, 4 (1977) 3C6

1o7) J. Richter, H. Kaesche: Werkstoffe und Korrosion 28 (1977) S. 6o2

1o8) C. Zapffe: Trans. ASM. 39 (1947) S. 191

1o9) K.N. Akhurst, P.H. Dumphrey: The 2nd International Congress, Hydrogen in Metals, Paris, 9 (1977) 3B1

11o) A.S. Tetelman : Symp. on Stress Corrosion Cracking, Columbus, Ohio (1967)

111) A.S. Tetelman , W.D. Robertson: Acta Metallurg. 11 (1963) S. 415

112) J.D. Fast, D.J. van Ooijen: Philips techn. Rdsch. 24 (1963) S. 229 u. 263

113) G.G. Hancock, H.H. Johnson: Trans. AIME 236 (1966) S. 51

114) F. Garofalo, Y.T. Chou, A. Ambegaokar: Acta Metallurg. 8 (196o) S. 5o4

115) C. Zener: Fracturing of metals, ASM, Clevland (Ohio), (1948) S. 3

116) A.H. Stroh: Adv. Phys. (1957) S. 418

117) M.R. Louthan, G.R. Cuskey, J.A. Donovan, D.E. Rawl: Mater. Sci. Eng. 1o (1972) S. 357

118) A.W. Thompson: Metallurg. Trans. 5 (1974) S. 1855

119) P.G. Bastien, P. Azou: Comp. Rend. Acad. Sciences (Paris) 232 (1951) S. 1845

12o) N.J. Petch, P. Stable: Natur, 169 (1952) S. 842

121) N.J. Petch: Phil. Mag. 1 (1956) S. 331

122) A.S. Tetelman : Fracture of Solids Interface, New York, (1963) S. 671

123) R.A. Oriani, P.H. Josephic: Acta Metallurg. 22 (1974) S.1o65

124) A.S. Tetelman , S. Kuntz: Congrès Unieux (1973)

125) McIntyre, R. Dale, C. Sonnino: The 2nd International Congress, Hydrogen in Metals, Paris, 2 (1977) 3E2

126) H.P. van Leeuwen: Corrosion-NACE, 32 (1976) S. 34

127) F.E. Fujita: The 2dn International Congress, Hydrogen in Metals, Paris, 5 (1977) 2B1o

128) M.H. Kamdar: The 2nd International Congress, Hydrogen in Metals, Paris, 5 (1977) 3D1o

129) C.J. McMahon, C.L. Briant, S.K. Banerji: Fracture, ICF4, Waterloo, Canada, 1 (1977) S. 363

13o) W.W. Gerberich, Y.T. Chen, C. St. John: Metallurg. Trans., 6A (1975) S. 1485

131) G.V. Karpenko, R.I. Krypyakevych, I.S. Slabkovsky: L'Hydrogène dans les Métaux, Congrès International, Paris, 1 (1972) S. 57

132) H. Matsui, S. Moriya, H. Kimura: The 4th International Conf. on "The Strength of Metals and Alloys", Nancy, Frankr., 1 (1976) S. 291

133) J. Clum: Scripta Metallurg. 9 (1975) S. 51

134) R. Morgan, B. Ralph: Acta Metallurg. 15 (1967) S. 341

135) R. Dutton, M.P. Puls: ibid., (1975) S. 516

136) J.B. Boyd: Trans. ASM 62 (1969) S. 977

137) K. Nuttall: The 2nd International Congress, Hydrogen in Metals, Paris, 4 (1977) 3C7

138) B.A. Cheadle, C.E. Ells: The 2nd International Congress, Hydrogen in Metals, Paris, 4 (1977) 3C8

139) Y. Mishima, N. Takahashi, Y. Arai, S. Ishino: The 2nd International Congress, Hydrogen in Metals, Paris, 8 (1977) 1E5

14o) T.P. Wang, N. Brown: Trans. ASM. 58 (1958) S. 541

141) G. Masing: Lehrbuch der allgemeinen Metallkunde (195o) S.422

142) L.J. Cuddy: Acta Metallurg. 16 (1968) S. 23

143) H.A. Schulze: Dissertation, Aachen (1968)

144) H. Haas: Dissertation, Aachen (1972)

145) G.M. Evans, E.C. Rollason: JISI 2o7 (1969) S. 1591

146) G. Lange: Arch. Eisenhüttenwes. 4o (1969) S. 635

147) H.G. Ellerbrock, G. Vibrans, H.-P. Stüve: Acta Metallurg. 2o (1972) S. 53

148) R. Pöpperling: Dissertation, Aachen (1976)

149) E. Riecke: Arch. Eisenhüttenwes. 47 (1976) S. 247

15o) M.L. Hill, E.W. Johnson: Trans. AIME 215 (1959) S. 717

151) M.L. Hill. E.W. Johnson: Trans. AIME 218 (196o) S. 11o4

152) C.P. Slynn: Pointdefects and diffusion, Oxford (1972) S.786

153) C.F. Barth, E.A. Steigerwald: Metallurg. Trans. 1 (197o) S. 3451

154) A.P. Miodownik, C.M. Struges: Scrip. Metallurg. 4 (197o) S. 143

155) C.M. Sturges, A.P. Miodownik: Acta Metallurg. 17 (1969) S. 1197

156) C.F. Barth, E.A. Steigerwald: Metallurg, Trans. 2 (1971) S. 1988

157) D.P. Williams, H.G. Nelson: Metallurg. Trans. 2 (1971) S. 1987

8 Anhang

8.1 Zusammenstellung der Behauptungen, Beurteilungen und Begründungen über das Verhalten des Wasserstoffs in den Übergangsmetallen der zweiten Hälfte

	Behauptung	Beurteilung im Schrifttum	eigene Beurteilung	Begründung
1	Drucktheorie (Kap. 2.3.1)	richtig		65, 1o8, 11o, 111, 112, 117, 118, 119)
		falsch		5, 23, 31, 8o, 113, 114)
			falsch	(Kap. 4.3.7)
2	Adsorptionstheorie (Kap. 2.3.2)	richtig		12o, 121)
		falsch		5, 14, 1o1)
			falsch	(Kap. 4.3.7)
3	Troiano-Theorie (Kap. 2.3.3)	richtig		14, 8o, 135, 153)
			richtig	(Kap. 4.3.7)
4	Dekohäsionstheorie (Kap. 2.3.3.1)	richtig		2, 14, 17, 86, 88, 123, 124, 125, 126, 127, 128, 129, 13o)
			falsch	(Kap. 5.1)

	Behauptung	Beurteilung im Schrifttum	eigene Beurteilung	Begründung
5	Versetzungstheorie (Kap. 2.3.3.2)		richtig	(Kap. 5.1)
	Blockierung der Versetzungsbewegung durch physikalische Wechselwirkung mit Wasserstoffatomen (Kap. 2.3.3.2.1)		falsch	(Kap. 5.1)
	Erleichterung der Versetzungsbewegung durch physikalische Wechselwirkung mit Wasserstoffatomen (Kap. 2.3.3.2.2)	richtig		44, 58, 117)
			falsch	(Kap. 5.1)
	Blockierung der Versetzungsbewegung durch chemische Wechselwirkung mit Wasserstoffatomen (Kap. 2.3.3.2.3)	richtig		2, 1o5, 1o6, 136, 137, 138, 139)
			richtig	(Kap. 5.1)
6	Die Kohäsionskraft der Gitteratome nimmt durch die gelösten Wasserstoffatome ab	richtig		2, 14, 17, 26, 27, 131 132, 133, 134)
			richtig	S. 38) (Kap. 4.3.6.1)

Behauptung	Beurteilung im Schrifttum	eigene Beurteilung	Begründung
Die Leerstellenwanderung wird durch die gelösten Wasserstoffatome erleichtert.		richtig	(Kap. 4.2.1.3)
Die Duktilität nimmt durch die gelösten Wasserstoffatome zu (die kritische Schubspannung für die Gleitung der Versetzung nimmt ab).	richtig		14,42, 43, 44, 45, 46, 117, 132)
		richtig	
Die Festigkeit, Härte und Spannungsintensität nehmen durch die gelösten Wasserstoffatome ab.	richtig		(Kap. 2.2.1.1), 62, 95, 132, 133)
		richtig	(Kap. 4.1)
Die Duktilität nimmt durch die gelösten Wasserstoffatome mit zunehmender Vorverformung zu.	richtig		8o)
		richtig	(Kap. 4.3.1.1), (Kap. 4.3.4)
Die Bruchfläche verschiebt sich durch die gelösten Wasserstoffatome von der Einschnürungszone bei der vorverformten Probe.		richtig	(Kap. 4.3.6.1)

	Behauptung	Beurteilung im Schrifttum	eigene Beurteilung	Begründung
7	Die Duktilitätserholung vom Duktilitätsminimum mit steigender Temperatur kommt durch Zunahme der Plastizität in Verbindung mit der Wasserstoffdiffusionsfähigkeit in die verspannte Zone vor der Hohlraumspitze zustande.		richtig	(Kap. 4.3.3)
8	Leerstellen behindern die Wasserstoffdiffusion entscheidend, während Versetzungen und Hohlräume keinen Einfluß haben.	richtig	richtig	37) (Kap. 4.2.1.2) (Kap. 4.2.1.3)
	Die starke Abnahme und werkstoffabhängige Streuung der Wasserstoffdiffusionsfähigkeit unter 2oo°C ist durch Leerstellen bedingt.		richtig	(Kap. 4.2.1.5)

	Behauptung	Beurteilung im Schrifttum	eigene Beurteilung	Begründung
	Der Wasserstoffübergang vom Hohlraum zum Gitterbereich (Absorption) ist langsamer als die Gitterdiffusion, und die Gitterdiffusion ist langsamer als der Wasserstoffübergang vom Gitterbereich zum Hohlraum (Desorption).	falsch richtig	richtig	157) 156) (Kap. 4.2.1.2) (Kap. 4.2.2)
9	Der elektrische Widerstand nimmt durch Wasserstoffeffusion zu.		richtig	S. 35

% C	% S	% Mn	% P	% S	% N
o,42	o,28	o,63	o,oo6	o,oo5	o,o6
% Cr	% Mo	% Ni	% V	% Al	% Co
o,81	o,35	1,74	o,1o	o,o7	o,o4

Tafel 1: Chemische Zusammensetzung des Stahls Ultrafort 1o1

% C	% Si	% Mn	% P	% S
o,75	o,31	o,66	o,o24	o,o21

Tafel 2: Chemische Zusammensetzung des Stahls C75

1	l	destilliertes Wasser
32	g	Cadmiumoxid
112	g	Natriumzyanid
12	g	Natriumhydroxid
4,5	g	Türkischrot (Glänzmittel)

Tafel 3: Zusammensetzung des Zyanidbades

Bilder

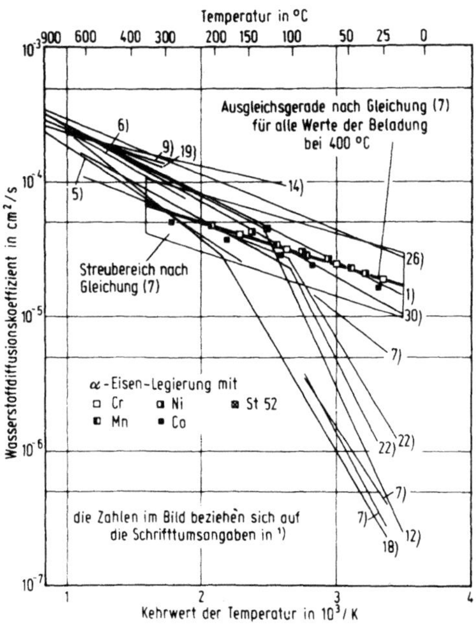

Bild 1: Diffusionskoeffizient des Wasserstoffs in Eisen und Stahl[10)]

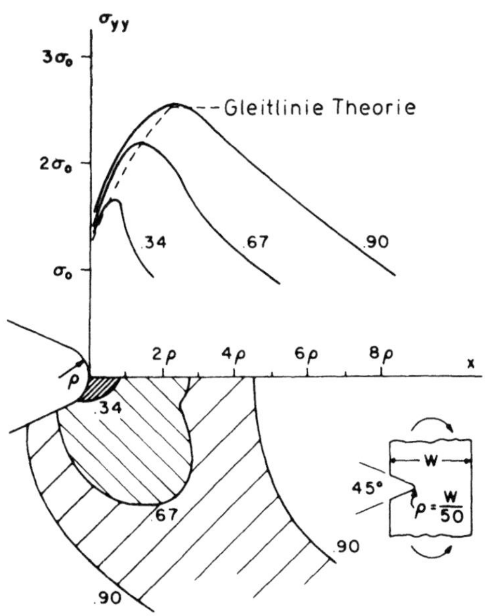

Bild 2: Verteilung der Normalspannung in Abhängigkeit von der Entfernung von einer Rißspitze. Gestrichelte Bereiche sind entsprechende plastische Zonen[5)].

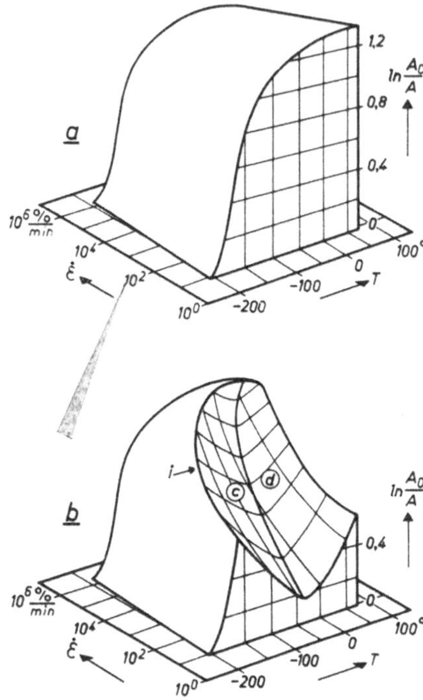

Bild 3: Duktilität in Abhängigkeit von der Dehngeschwindigkeit und Temperatur (a: ohne Wasserstoffbeladung, b: mit Wasserstoffbeladung)[85]

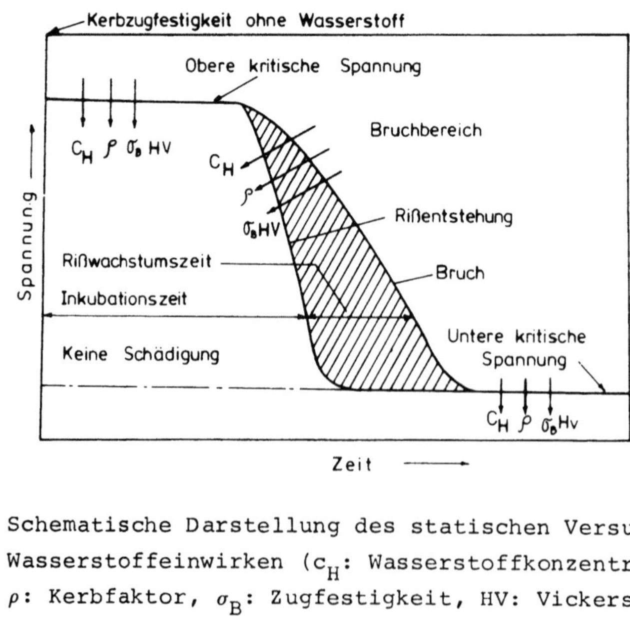

Bild 4: Schematische Darstellung des statischen Versuchs beim Wasserstoffeinwirken (c_H: Wasserstoffkonzentration, ρ: Kerbfaktor, σ_B: Zugfestigkeit, HV: Vickershärte)[4]

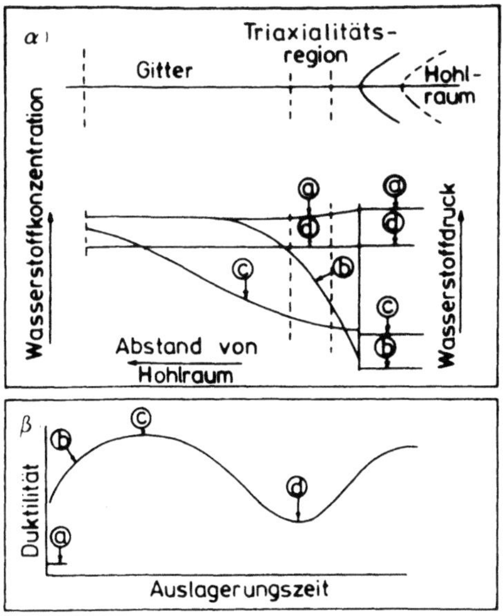

Bild 5: Schematische Darstellung der Wasserstoffdiffusion zum Hohlraum während der Auslagerung nach der Vorverformung bei -196°C [80)]

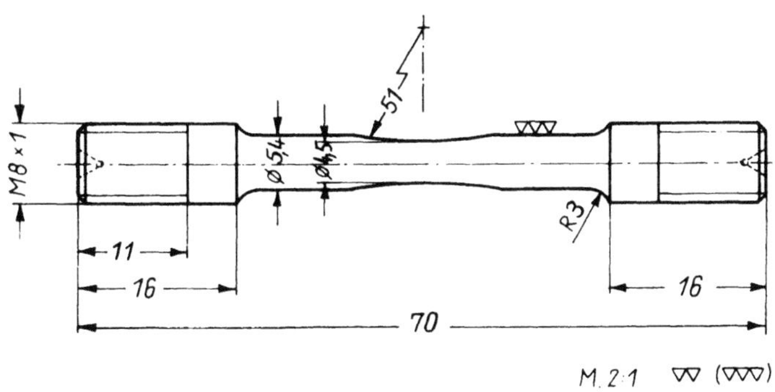

Bild 6: Zugprobe

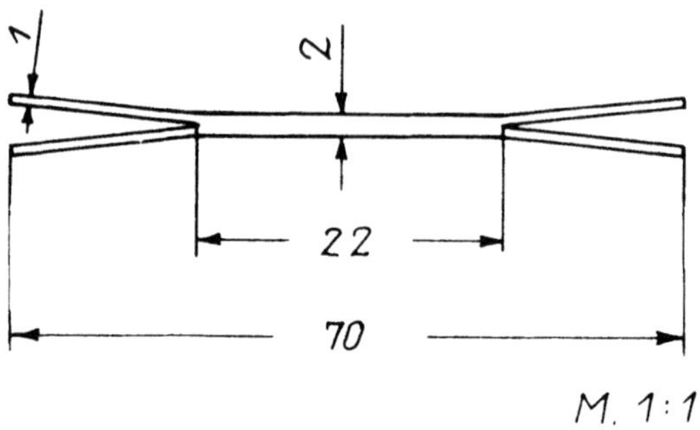

Bild 7: Probe für die elektrische Widerstandsmessung

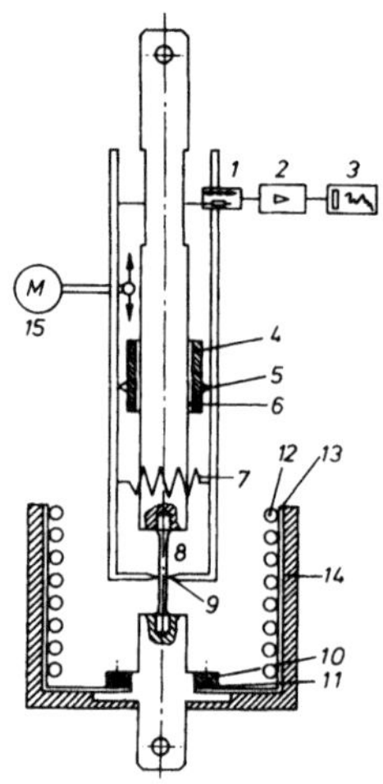

Bild 8: Apparatur für die kontinuierliche Durchmessermessung

1. Induktiver Wegaufnehmer
2. TF-Meßverstärker
3. Schreiber
4. Buchse aus Messing
5. Spitzenlager
6. Buchse aus Teflon
7. Zugfeder
8. Zugprobe
9. Meßschneiden
10. Befestigungsmutter aus Messing
11. Dichtung aus Teflon
12. Kühlschlange aus Kupfer
13. Stahlbehälter
14. Isoliermaterial
15. Motor

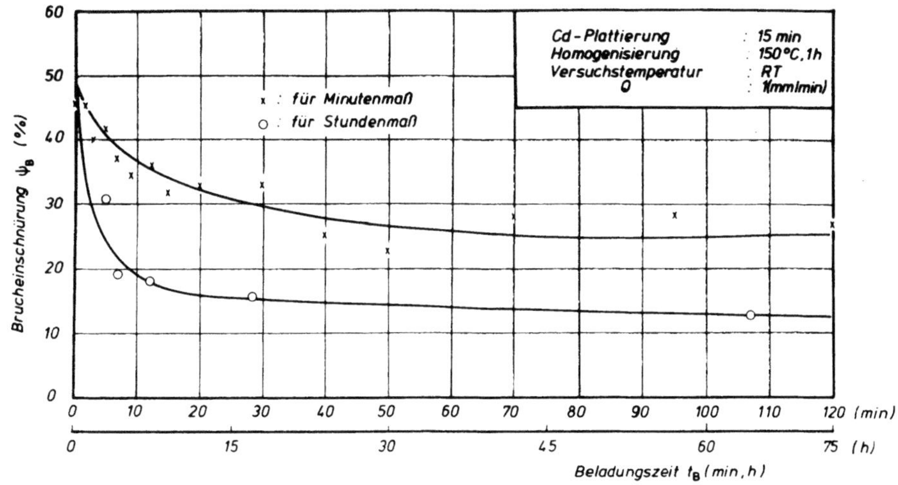

Bild 9: Brucheinschnürung in Abhängigkeit von der Beladungszeit

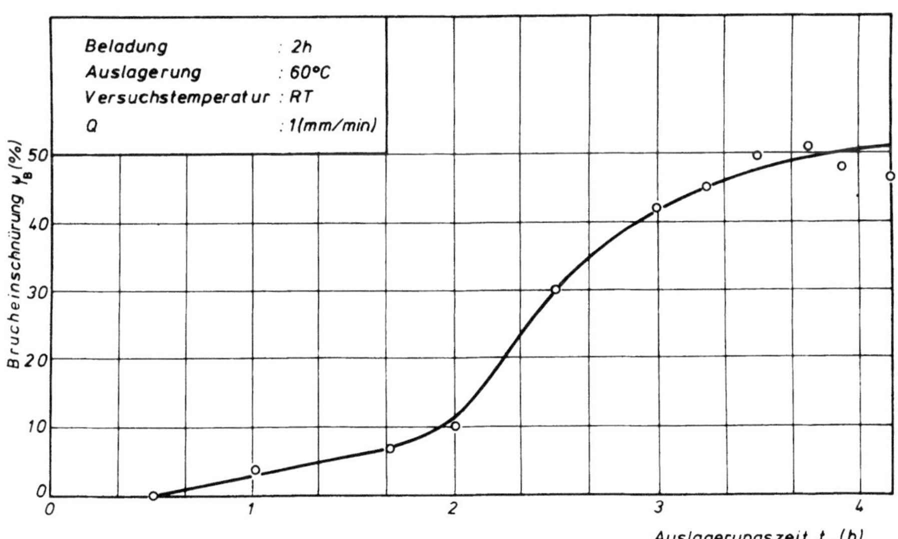

Bild 10: Brucheinschnürung in Abhängigkeit von der Auslagerungszeit

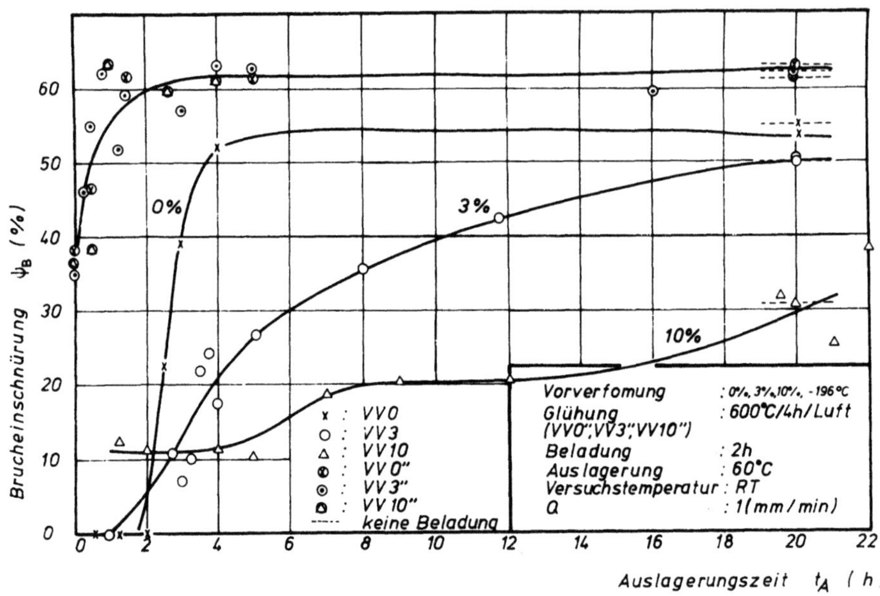

Bild 11: Brucheinschnürung in Abhängigkeit von der Auslagerungszeit bei den Probenserien mit verschiedenen Vorverformungen und mit oder ohne Glühbehandlung nach Vorverformung

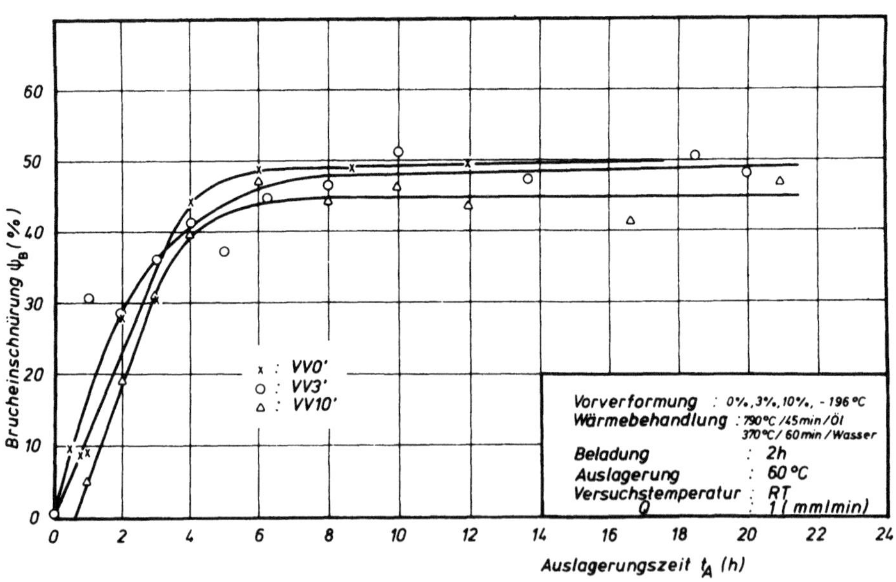

Bild 12: Brucheinschnürung in Abhängigkeit von der Auslagerungszeit bei den Probenserien mit verschiedenen Vorverformungen und Wärmebehandlungen

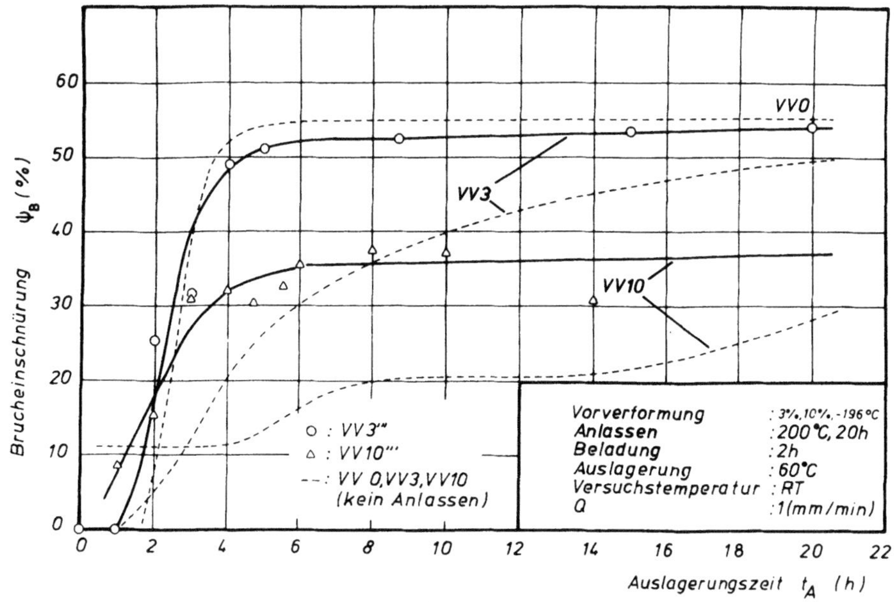

Bild 13: Brucheinschnürung in Abhängigkeit von der Auslagerungszeit bei den Probenserien mit Vorverformung und Anlassen

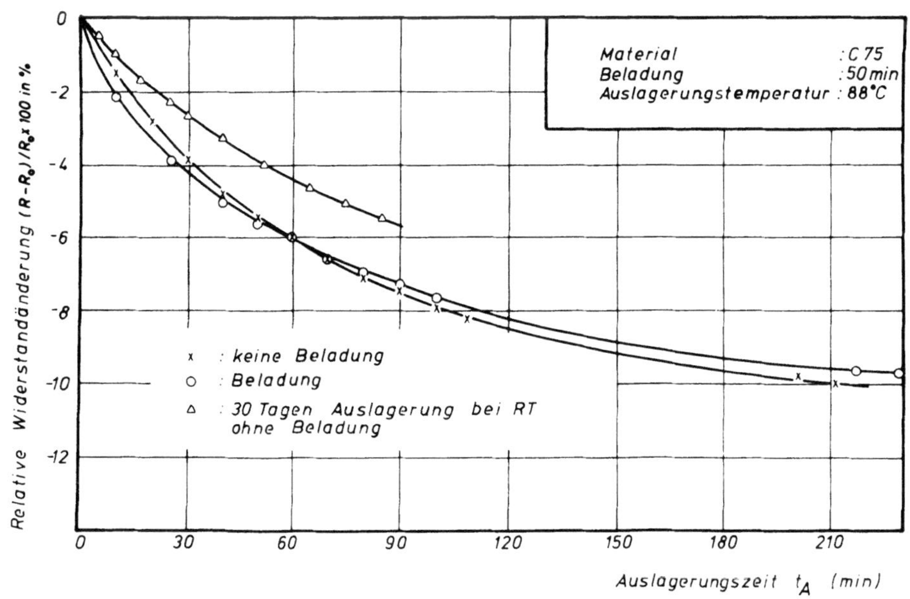

Bild 14: Relative Widerstandsänderung in Abhängigkeit von der Auslagerungszeit bei den Probenserien mit und ohne Wasserstoffbeladung

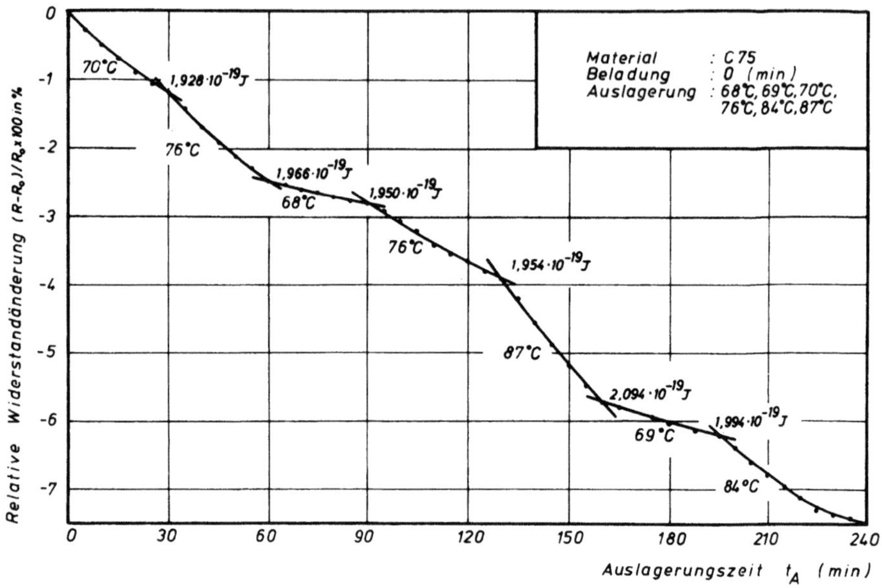

Bild 15: Bestimmung der Leerstellenwanderungsenergie bei einer Stahlprobe ohne Wasserstoffbeladung

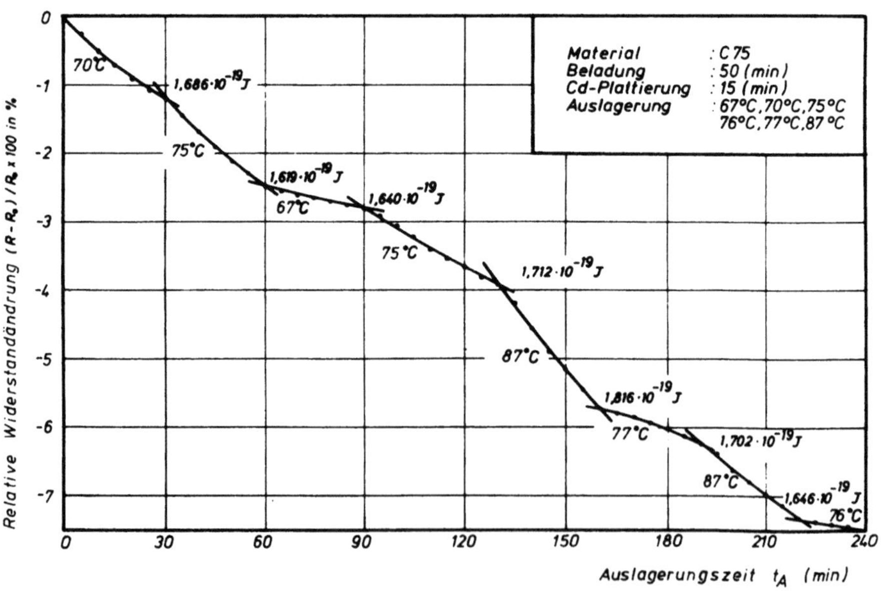

Bild 16: Bestimmung der Leerstellenwanderungsenergie bei einer Stahlprobe mit Wasserstoffbeladung

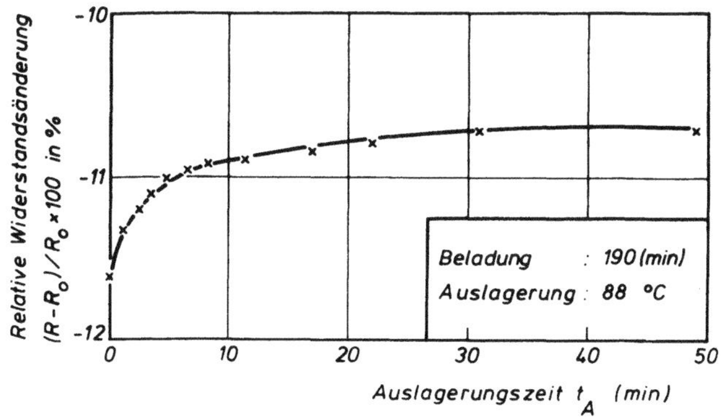

Bild 17: Relative Widerstandsänderung in Abhängigkeit von der Auslagerungszeit bei einer Probe ohne Leerstelle und mit Wasserstoffbeladung

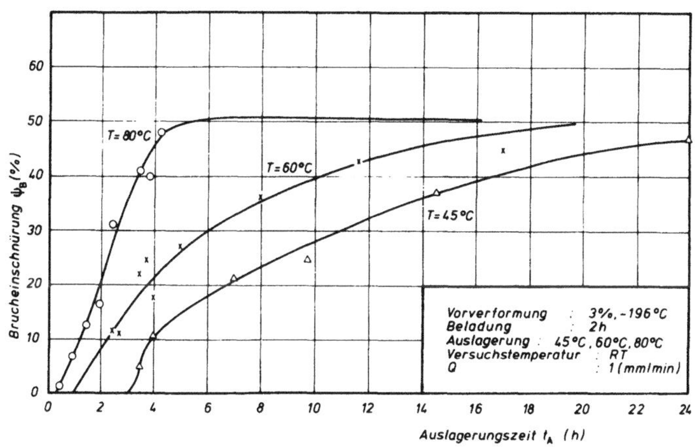

Bild 18: Brucheinschnürung in Abhängigkeit von der Auslagerungszeit bei den Probenserien mit verschiedenen Auslagerungstemperaturen

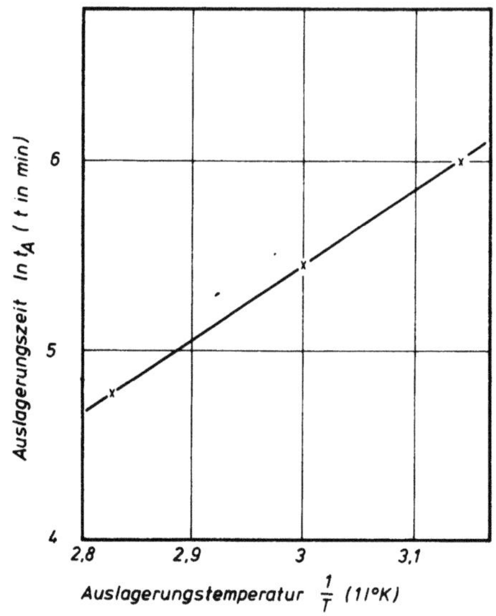

Bild 19: Auslagerungszeit in Abhängigkeit von der Auslagerungstemperatur bei Ψ_B = 2o %

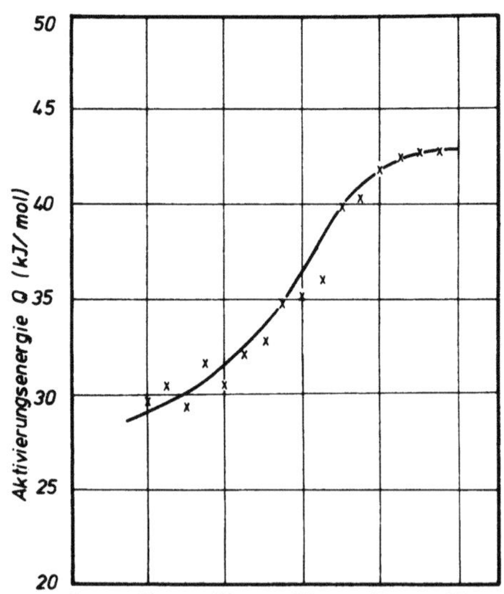

Bild 2o: Aktivierungsenergie in Abhängigkeit von der Wasserstoffkonzentration

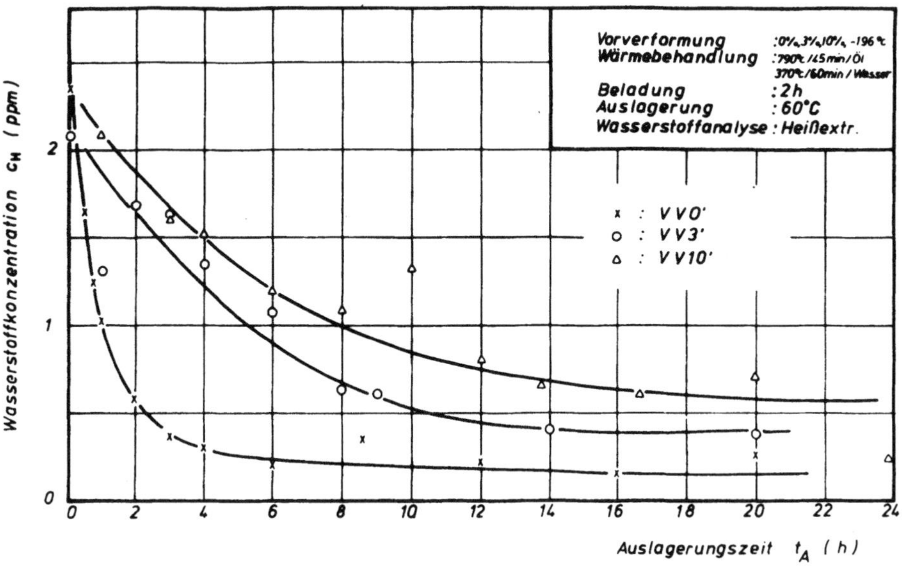

Bild 21: Wasserstoffkonzentration in Abhängigkeit von der Auslagerungszeit bei den Probenserien mit verschiedenen Vorverformungen und Wärmebehandlungen

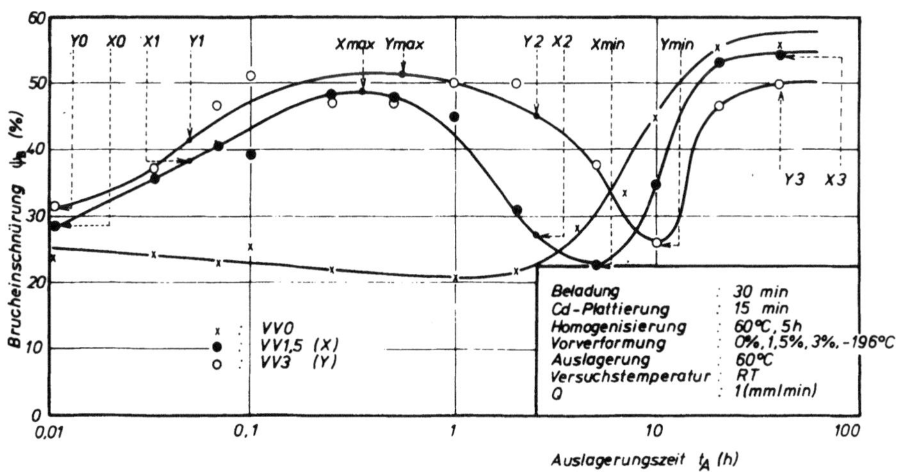

Bild 22: Brucheinschnürung in Abhängigkeit von der Auslagerungszeit bei den Probenserien mit Wasserstoffbeladung und Vorverformung bei -196°C

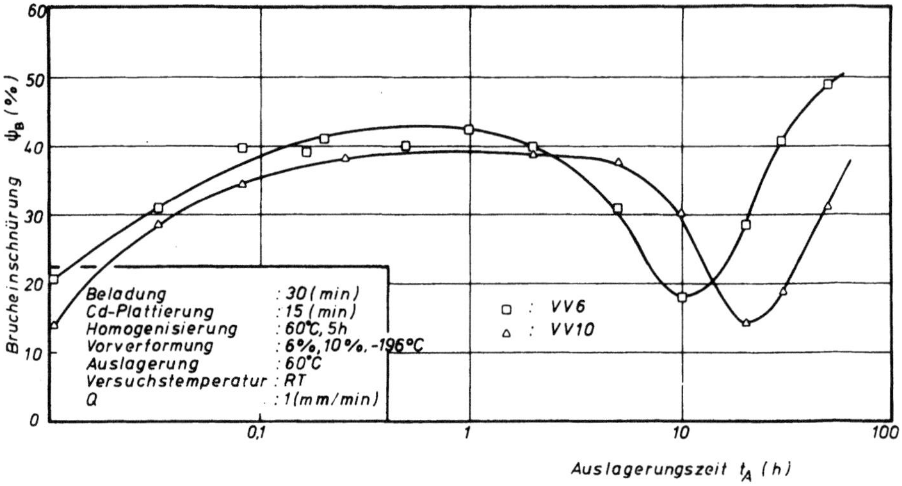

Bild 23: Brucheinschnürung in Abhängigkeit von der Auslagerungszeit bei den Probenserien mit Wasserstoffbeladung und Vorverformung bei -196°C

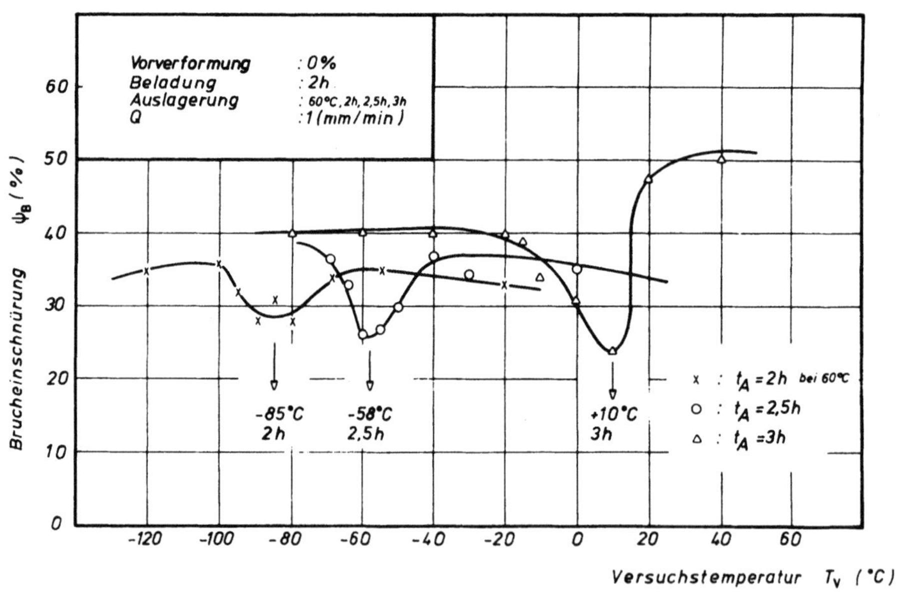

Bild 24: Brucheinschnürung in Abhängigkeit von der Versuchstemperatur bei den Probenserien mit den verschiedenen Wasserstoffkonzentrationen

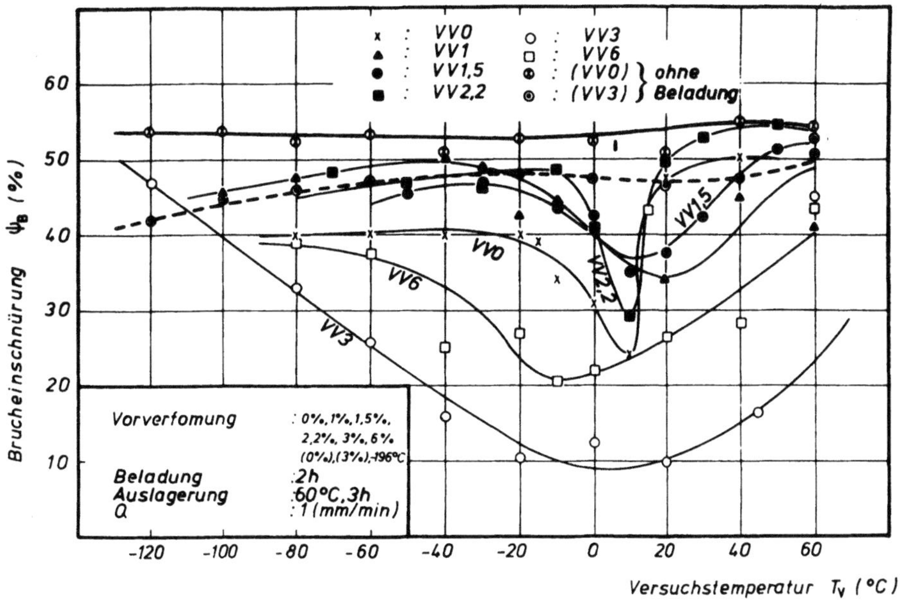

Bild 25: Brucheinschnürung in Abhängigkeit von der Versuchstemperatur bei den Probenserien mit unterschiedlichen Vorverformungen

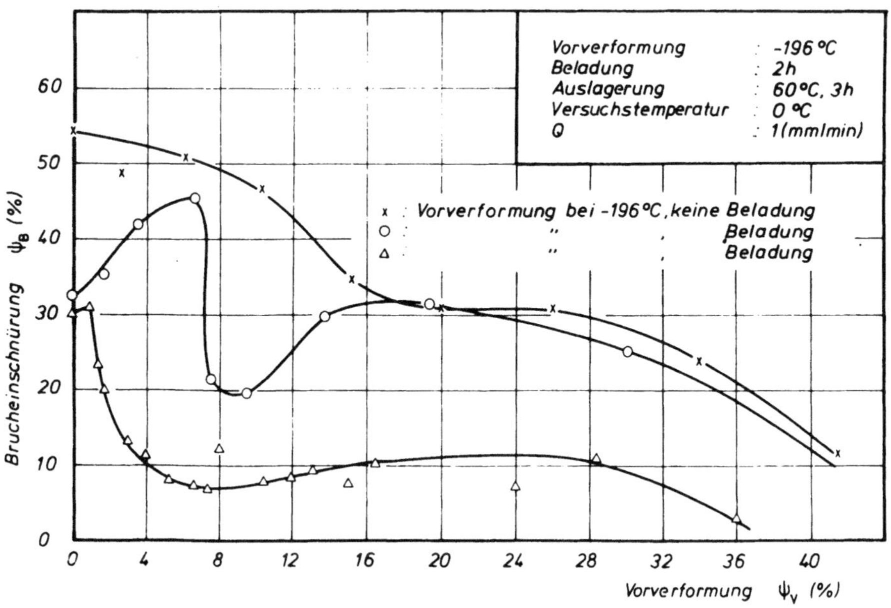

Bild 26: Brucheinschnürung in Abhängigkeit von der Vorverformung bei den Probenserien mit und ohne Wasserstoffbeladung

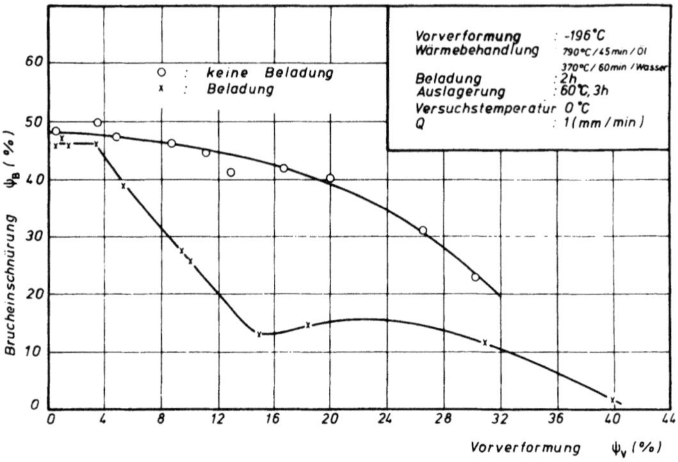

Bild 27: Brucheinschnürung in Abhängigkeit von der Vorverformung bei den Probenserien mit und ohne Wasserstoffbeladung sowie mit Wärmebehandlung nach Vorverformung

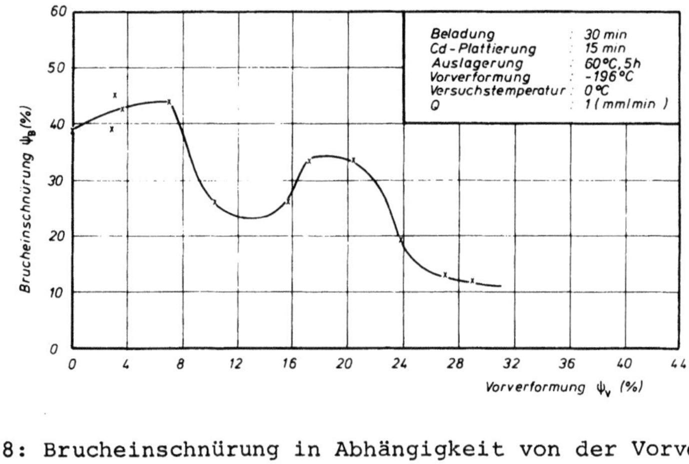

Bild 28: Brucheinschnürung in Abhängigkeit von der Vorverformung bei der Probenserie mit Wasserstoffbeladung vor der Vorverformung bei -196°C

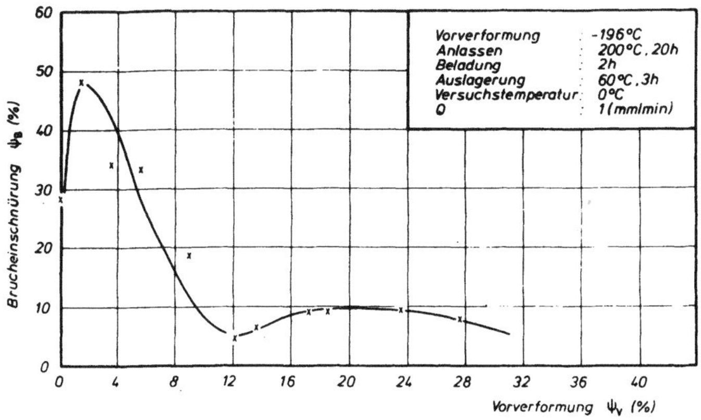

Bild 29: Brucheinschnürung in Abhängigkeit von der Vorverformung bei der Probenserie mit Anlassen bei 2oo°C und Wasserstoffbeladung

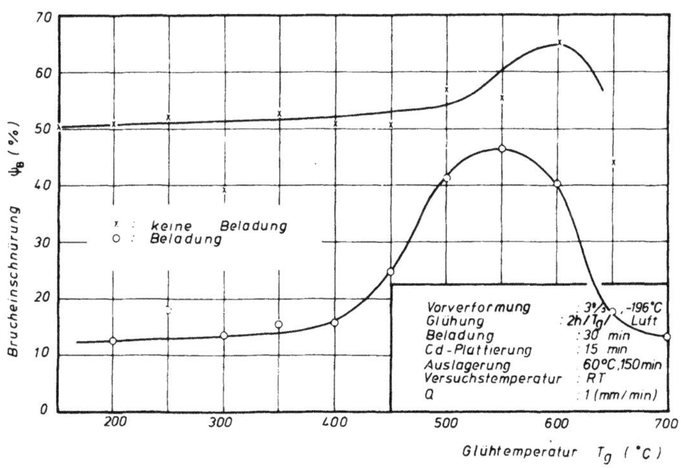

Bild 3o: Brucheinschnürung in Abhängigkeit von der Glühtemperatur bei den Probenserien mit und ohne Wasserstoffbeladung

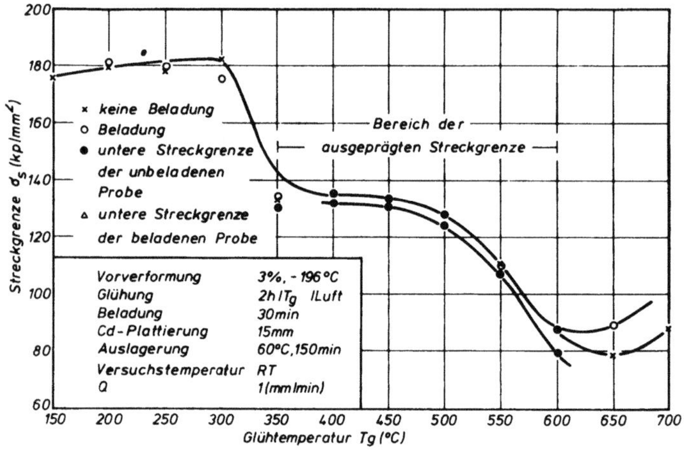

Bild 31: Streckgrenze in Abhängigkeit von der Glühtemperatur bei den Probenserien mit und ohne Wasserstoffbeladung

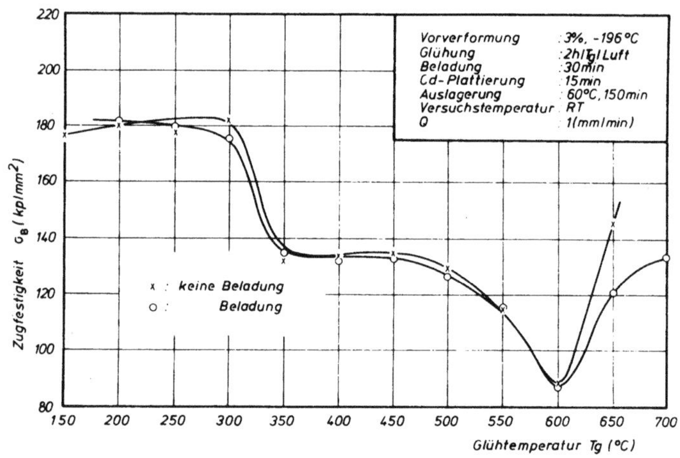

Bild 32: Zugfestigkeit in Abhängigkeit von der Glühtemperatur bei den Probenserien mit und ohne Wasserstoffbeladung

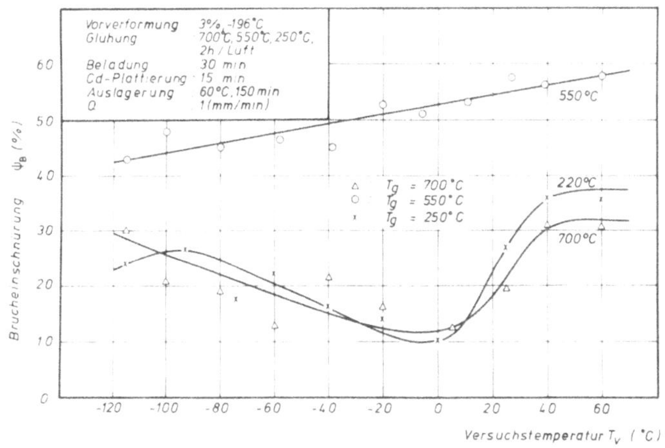

Bild 33: Brucheinschnürung in Abhängigkeit von der Versuchstemperatur bei den Probenserien mit verschiedenen Glühbehandlungen

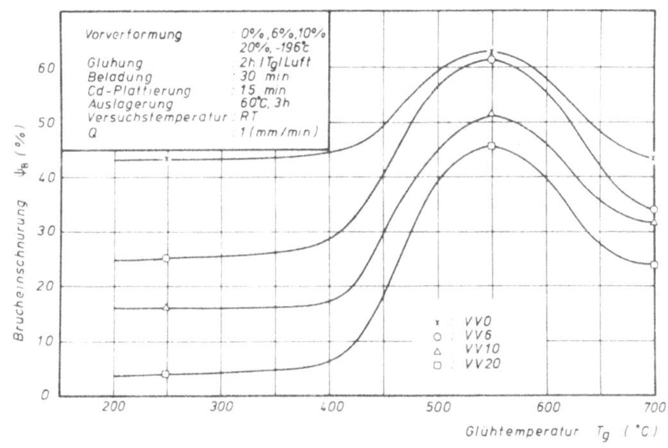

Bild 34: Brucheinschnürung in Abhängigkeit von der Glühtemperatur bei den Probenserien mit unterschiedlichen Vorverformungen

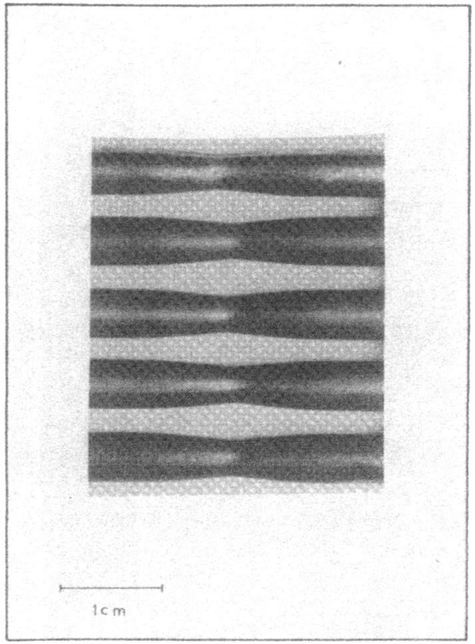

Bild 35: Vorverformung (24 %, $-196^{\circ}C$)

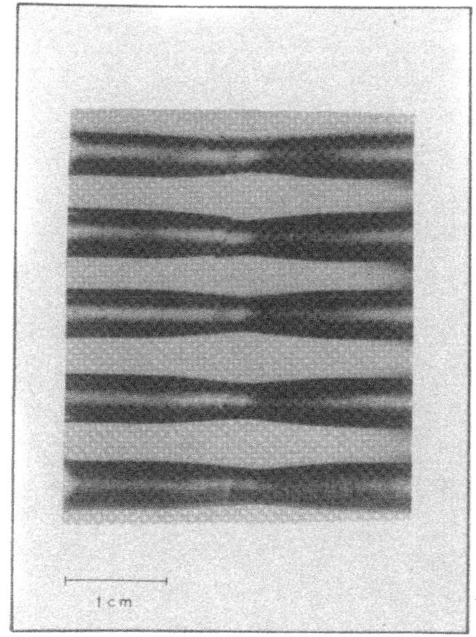

Bild 36: Vorverformung (24 %, $-196^{\circ}C$)
Beladung (2 h)
Zugversuch (RT, 1 mm/min)
Brucheinschnürung (0 %)

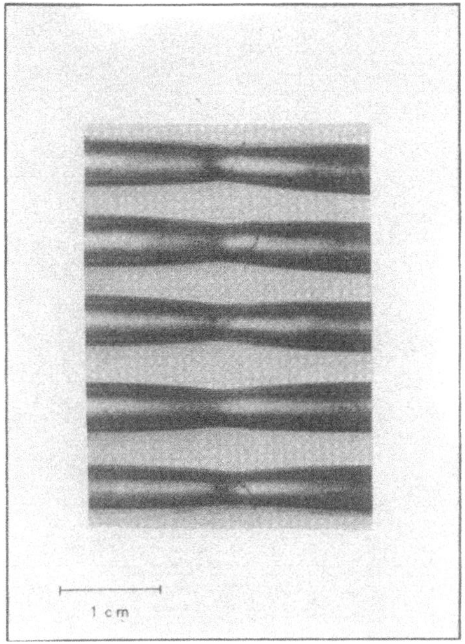

Bild 37: Vorverformung (24 %, -196 °C)
Anlassen (2oo °C/2oh/Luft)
Beladung (2 h)
Zugversuch (RT, 1 mm/min)
Brucheinschnürung (O %)

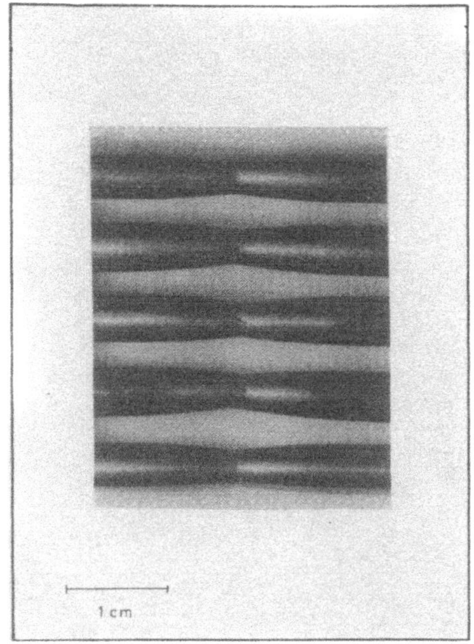

Bild 38: Vorverformung (24 %, -196 °C)
Wärmebehandlung (79o °C/45 min/Öl,
37o °C/6o min/Wasser)
Beladung (2 h)
Zugversuch (RT, 1 mm/min)
Brucheinschnürung (O %)

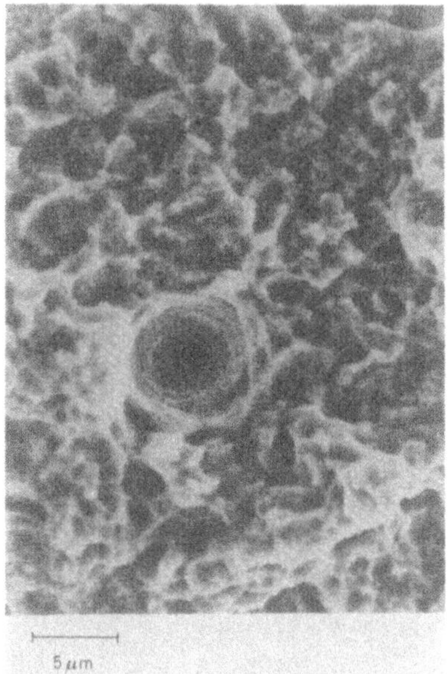

Bild 39: Bruchflächenaufnahme einer Zugprobe eines höchstfesten Stahls, Vorverformung (1o %, -196°C) Zugversuch (0° C, 1 mm/min), Brucheinschnürung (46 %)

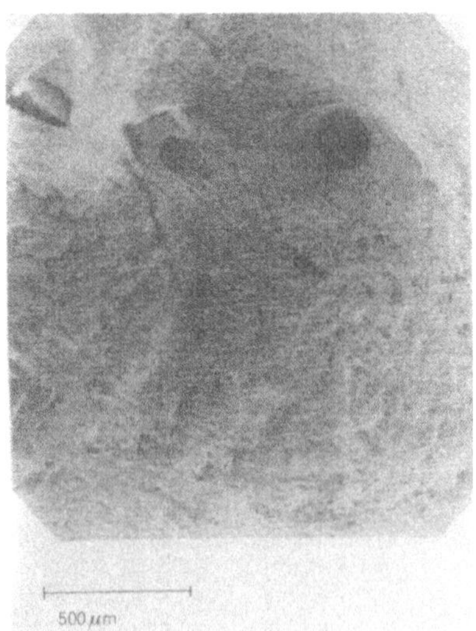

Bild 4o: Bruchflächenaufnahme einer Zugprobe eines höchstfesten Stahls, Vorverformung (0 %), Beladung (2 h), Auslagerung (6o°C, 3 h), Zugversuch (0° C, 1 mm/min), Brucheinschnürung (28,4 %)

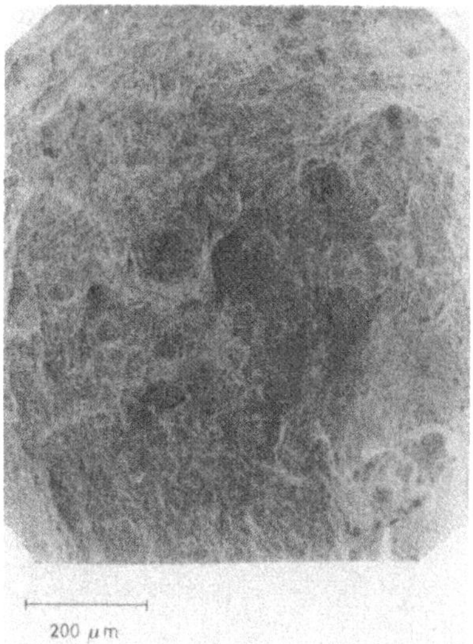

Bild 41: Bruchflächenaufnahme einer Zugprobe eines höchstfesten Stahls, Vorverformung (6 %, -196°C), Beladung (2 h), Auslagerung (6o° C, 3 h), Zugversuch (0° C, 1 mm/min), Brucheinschnürung (38 %)

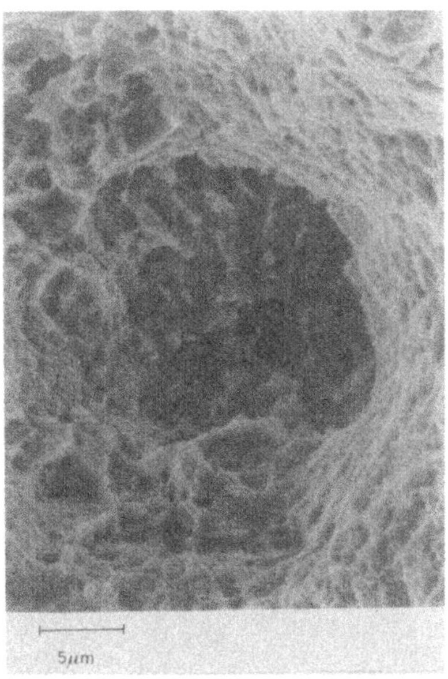

Bild 42: Bruchflächenaufnahme einer Zugprobe eines höchstfesten Stahls, Vorverformung (1o %, -196°C), Beladung (2 h), Auslagerung (6o° C, 3 h), Zugversuch (0° C, 1 mm/min), Brucheinschnürung (19 %)

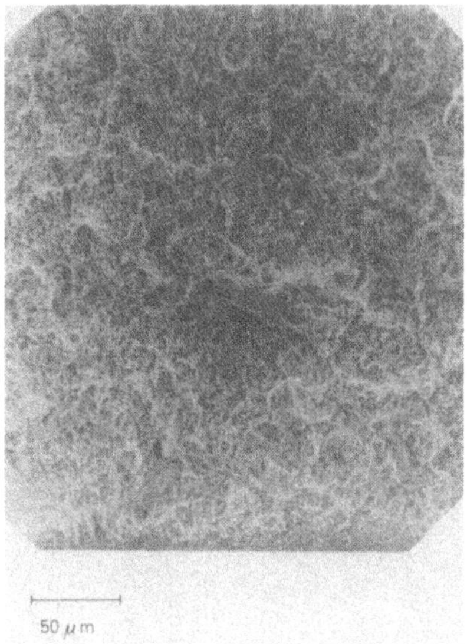

Bild 43: Bruchflächenaufnahme einer Zugprobe eines höchstfesten Stahls, Vorverformung (2o %, -196°C), Beladung (2 h), Auslagerung (6o° C, 3 h), Zugversuch (0° C, 1 mm/min), Brucheinschnürung (28 %)

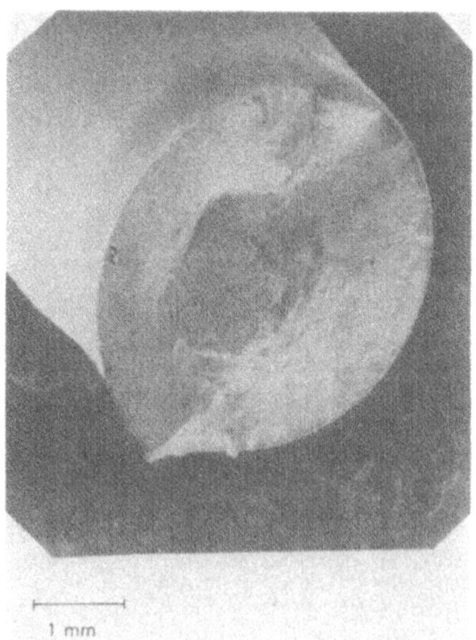

Bild 44: Bruchflächenaufnahme einer Zugprobe eines höchstfesten Stahls, Vorverformung (0 %), Anlassen (2oo°C/2oh/Luft), Beladung (2 h), Auslagerung (6o° C, 3 h), Zugversuch (0° C, 1 mm/min), Brucheinschnürung (21 %)

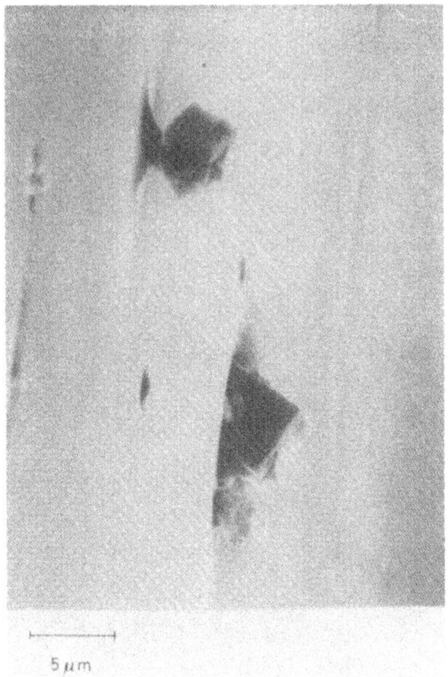

Bild 45: Titannitrid-Einschluß, Behandlung wie in Bild 48, Tiefätzung

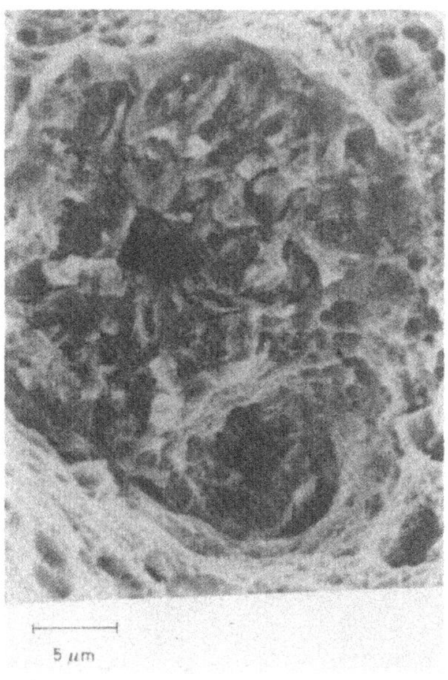

Bild 46: Bruchflächenaufnahme einer Zugprobe eines höchstfesten Stahls, Vorverformung (6 %, -196°C), Glühung (25o°C/2 h/Luft), Beladung (3o min), Cd-Plattierung (15 min), Auslagerung (6o° C, 3 h), Zugversuch (RT, 1 mm/min), Brucheinschnürung (25 %)

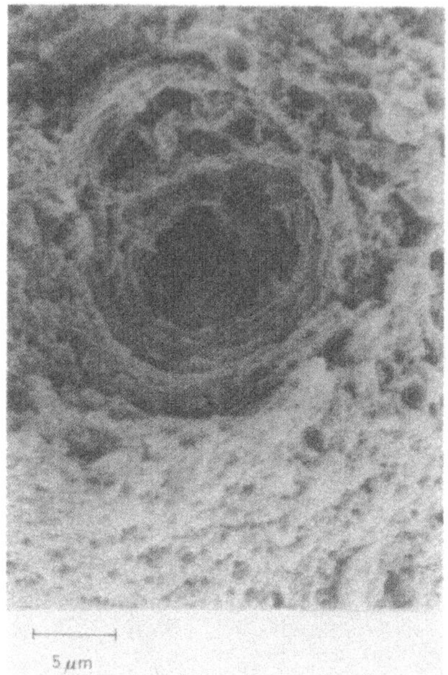

Bild 47: Bruchflächenaufnahme einer Zugprobe eines höchstfesten Stahls, Vorverformung (6 %, -196°C), Glühung (55o°C/2 h/Luft), Beladung (3o min), Cd-Plattierung (15 min), Auslagerung (6o° C, 3 h), Zugversuch (RT, 1 mm/min), Brucheinschnürung (62 %)

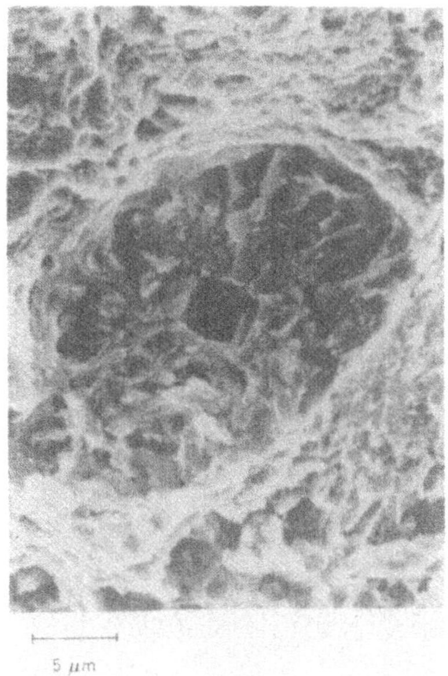

Bild 48: Bruchflächenaufnahme einer Zugprobe eines höchstfesten Stahls, Vorverformung (6 %, -196°C), Glühung (7oo°C/2 h/Luft), Beladung (3o min), Cd-Plattierung (15 min), Auslagerung (6o° C, 3 h), Zugversuch (RT, 1 mm/min), Brucheinschnürung (34 %)

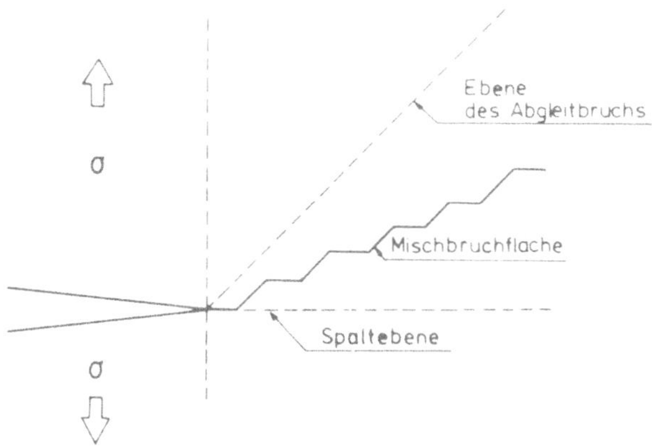

Bild 49: Modellvorstellung zur durch Wasserstoff induzierten Rißausbreitung

GPSR Compliance

The European Union's (EU) General Product Safety Regulation (GPSR) is a set of rules that requires consumer products to be safe and our obligations to ensure this.

If you have any concerns about our products, you can contact us on ProductSafety@springernature.com

In case Publisher is established outside the EU, the EU authorized representative is:

Springer Nature Customer Service Center GmbH
Europaplatz 3
69115 Heidelberg, Germany

Batch number: 10584556

Printed by Printforce, the Netherlands